普通高等教育"十三五"规划教材

国家级工程训练实验教学示范中心系列规划教材

工程训练教程

（非机械类）

主　编　张立红　尹显明

U0210075

科 学 出 版 社

北　京

内 容 简 介

本书根据 2014 年教育部工程训练教学指导委员会课程建设组关于《高等学校工程训练类课程教学质量标准(整合版本 2.0)》的精神为指导，结合工程训练实践教学内容及课程体系改革研究与实践成果编写而成。

全书共 12 章，主要介绍了材料成形(工程材料、铸造、焊接、铁艺)、传统切削加工技术(切削加工基础、车削、铣削、钳工)、现代制造技术(数控加工技术、特种加工技术)、电子工艺、综合与创新(自行车拆装、陶艺制作、计算机拆装与组网、ERP 沙盘模拟经营)等。注重培养学生理论联系实际，通过实际制作来强化学生的工程训练效果，发挥学生的潜力，提高学生的综合创新实践能力。

本书作为高等院校非机械类专业工程训练实习教材，也可供高职和成人教育相关专业师生及有关专业技术人员参考。

图书在版编目(CIP)数据

工程训练教程：非机械类/张立红，尹显明主编. —北京：科学出版社，2017.1

普通高等教育"十三五"规划教材 国家级工程训练实验教学示范中心系列规划教材

ISBN 978-7-03-051185-0

Ⅰ.①工… Ⅱ.①张… ②尹… Ⅲ.①机械制造工艺-高等学校-教材 Ⅳ.①TH16

中国版本图书馆 CIP 数据核字（2016）第 314830 号

责任编辑：邓 静/ 责任校对：郭瑞芝
责任印制：徐晓晨 / 封面设计：迷底书装

科 学 出 版 社 出版
北京东黄城根北街 16 号
邮政编码：100717
http://www.sciencep.com

北京盛通商印快线网络科技有限公司 印刷
科学出版社发行 各地新华书店经销

*

2017 年 1 月第 一 版　　开本：787×1092　1/16
2021 年 1 月第四次印刷　　印张：14
字数：358 000
定价：45.00 元
（如有印装质量问题，我社负责调换）

前　言

"工程训练"是一门实践性技术基础课，是非机械类有关专业教学计划中重要的实践教学环节之一，是提高学生综合素质、培养学生综合创新实践能力的有效途径。

本书以 2014 年教育部工程训练教学指导委员会课程建设组关于《高等学校工程训练类课程教学质量标准（整合版本 2.0）》的精神为指导，结合工程训练实践教学内容及课程体系改革研究与实践成果编写而成。针对非机械类学生的特点，本教材以拓宽知识面，培养应用型人才为目标，强调"贴近实际，体现应用"，既注重学生获取知识、分析问题与解决问题的实践能力培养，又充分体现学生工程素质和创新思维能力的培养。通过工程训练锻炼学生的工程实践能力和综合创新能力。

本书结合非机类工程训练教学实践，在传统机械制造方法的基础上，增加了数控加工、电加工、激光加工、3D 打印、电子工艺、陶艺制作、ERP 沙盘模拟训练等项目。教材内容由浅入深，语言通俗易懂，并配有大量的插图，增强实用性知识，将理论知识与实习实训融为一体。书中所涉及的各项技术标准及专业名词术语，尽可能采用最新的国家标准或相关部门标准。

本书由西南科技大学张立红、尹显明担任主编并统稿全书，参加编写的有陈聪聪（第 1 章）、段康容（第 2 章、第 10.4 节）、杨应洪（第 3 章）、张立红（第 4 章、第 8 章、第 12.4 节）、徐春梅（第 5 章、第 10.1～10.2 节）、张祖军（第 6～7 章）、赖思琦（第 9 章、第 12.1～12.2 节）、陈吉明（第 10.3 节）、阎世梁（第 11 章、第 12.3 节）、郭磊（第 12.5 节）。编者对在编写过程中所用参考文献的作者和出版社以及相关网站表示衷心的感谢。

由于编者知识水平与实践经验有限，书中疏漏与不妥之处在所难免，敬请读者和各校同仁提出意见与建议，以便再版时修正。

编　者

2016 年 9 月

目 录

0 绪 论

制造业是国民经济的主体，是立国之本、兴国之器、强国之基。随着现代工业的快速发展，新知识与新技术的加速更替，各种类型的制造工程对综合创新型与复合应用型人才的需求剧增。工程训练中心是全校性实践教学平台，工程训练课程是实践性的技术基础课，建立了以强化制造工程基础，注重机、电、信息、控制、管理多学科交叉，以提高工程实践能力和创新能力为核心的人才培养模式。学生通过本课程的学习获得机械制造的基本知识，建立工程意识；在培养一定操作技能的基础上增强学生的工程实践能力；在劳动观点、创新意识、理论联系实际的科学作风等基本素质方面受到培养和锻炼；为综合创新型与复合应用型人才的培养提供了实践基础。

0.1 工程训练教学目标

非机类工程训练是为非机械类专业学生开设的通识性实践教育课程，其目的是引导学生广泛涉猎不同学科领域，是学生获得工程实践知识、建立工程意识、训练操作技能的主要教育形式；是学生接触生产实际，获得生产技术及管理知识，进行工程师基础素质训练的重要途径。根据我国工程实践教学的发展和创新人才的培养，提出了新的课程教学目标：

1. 学习工艺知识

工程训练是学生在教师的指导下通过独立的实践操作，建立起对制造过程的感性认识。在实训中，学生学习了机械制造主要加工方法及其主要设备的结构、工作原理及操作方法，正确使用了各类工具、夹具、量具及工艺文件，这些知识都是非常具体、生动而实际的，使学生对工程问题从感性认识上升到理性认识，为学生以后学习相关专业课程及毕业设计等打下了良好的基础。

2. 增强实践能力

为了培养学生的工程实践能力，强化工程意识，本科人才培养方案中安排了各种实验、实习、设计等实践性教学环节和课程。其中工程训练是最重要的实践课程之一，在实训中，学生通过直接参加生产实践，亲自操作各种机器设备，使用各种工具、夹具、量具、刀具等，独立完成简单零件的制造过程，使学生对简单零件初步具有选择加工方法和分析加工工艺的能力。用理论指导实践，以实践验证和充实理论，培养了工程师应具备的基础知识和基本技能。

3. 提高综合素质

工程训练课程是在生产实践中的现场教学，它不同于教室，它是生产、教学、科研相结合的实践基地，教学内容丰富多样，实践环境多变，对大多数学生来说是第一次接触实际工程环境，是对学生进行思想作风教育的良好时机与场所。例如，遵守纪律与各项规章制度、加强劳动观念、爱惜公共财产、建立经济观点与质量意识等。一方面弥补了学生过去在实践知识上的不足，增加了以后学习和工作中所需要的工艺技术知识与技能，另一方面使学生初步树立起工程意识、劳动观念、集体观念、组织纪律性和爱岗敬业精神,从而提高了学生的综合素质。

4. 培养创新意识和创新能力

在工程训练中,学生要接触到几十种设备,并了解、熟悉和掌握其中一部分设备的结构、原理和使用方法,学习一些基本的制造工艺。在学习过程中,经常会遇见新鲜事物,时常会产生新奇想法,要善于把这些新鲜感和好奇心转变为提出问题和解决问题的动力。同时这些基础工艺知识的学习为以后的创新孵化提供了实践方法和基本技能,增强了同学们的综合创新实践能力。

0.2　机械制造工程训练教学要求

工程训练是一门实践性很强的课程,不同于一般的理论课程。它没有系统的理论、定理和公式,除了一些基本原则以外,大都是一些具体的生产经验和工艺知识;主要的学习课堂不是教室,而是工厂或实验室;主要的学习对象不是书本,而是具体的生产过程,学习的指导者是现场的教学指导人员。因此学生的学习方法主要是在实践中学习,要注重在生产过程中学习工艺知识和基本技能,并能理论联系实际融会贯通;同时应及时完成实习、实验报告,加强理论知识的巩固。

工程训练的教学要求如下:

(1)了解制造的一般过程和基础知识,熟悉零件的常用加工方法及其所用的主要设备与工具;了解新工艺、新技术、新材料在现代制造中的应用。

(2)对简单零件初步具有选择加工方法和进行工艺分析的能力,在主要加工工艺方面应能独立完成简单零件的加工,并培养一定的工艺实践能力。

(3)培养学生的安全意识、生产质量和经济观念、理论联系实际和认真细致的科学作风,以及热爱劳动和爱护公物等基本素质。

0.3　机械制造工程训练学生实习守则

(1)严格遵守劳动纪律,做到不迟到、不早退、不旷课,一般不得请事假,特殊情况应履行请假手续,因病请假需医院证明。

(2)实习期间要服从指导教师的安排,未经允许不得擅自开动设备,不允许串岗、不允许打闹、不允许抽烟、不允许玩手机。

(3)实习时要穿合适的工作服,平底鞋,不准穿拖鞋、凉鞋、裙子、风衣,不得戴围巾、手套进行操作(规定可戴手套的工种除外),女同学要戴安全帽,并将长发或辫子纳入帽内。

(4)实习时要认真听老师讲解,仔细观看老师的示范,操作设备时要大胆、心细,认真遵守各类设备的安全操作规程,避免人身、设备事故的发生。

(5)操作设备时若发生问题,应立即停机,保护现场,并立即报告指导老师;多人共用一台机床时,只能一人操作,严禁两人同时操作,以防止事故发生。

(6)实习中应注意勤俭节约,降低原材料和低值易耗品消耗,避免浪费,在保证实习的前提下尽量降低实习成本。

(7)每天实习完毕，要求做到：

① 整理和清点自己的工件、工具和量具；

② 将设备擦拭干净，周边环境清扫干净；

③ 关好电源和窗户；经老师检查并同意后方可离岗。

(8)如不遵守上述规定，经劝告无效，工程训练中心将停止其实习。

第一篇 材料成形

第1章 工程材料及金属热处理

1.1 工程材料概论

工程材料是指用于机械、车辆、船舶、建筑、化工、能源、仪器仪表、航空航天等工程领域的材料。它既指用来制造工程构件和机械零件的材料，也包括用于制造工具的材料和具有特殊性能的材料。一般来讲，工程材料根据其化学性质的不同，可分为三大类：金属材料、非金属材料和复合材料。它们的具体分类如图 1-1 所示。

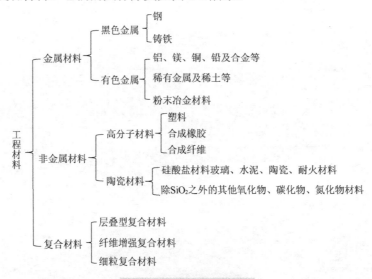

图 1-1 常用机械工程材料

金属材料是最主要的工程材料，通常金属材料分为黑色金属和有色金属两大类。黑色金属是指以铁、锰、铬或以它们为主而形成的具有金属特性的物质，如钢、生铁、铁合金、铸铁等。有色金属是指除黑色金属以外的其他金属材料，如铜、铝、镁以及它们的合金等。

近年来，高分子、陶瓷等非金属材料的急剧发展，在材料的生产和使用方面均有重大的进展，正在越来越多地应用于各类工程中。非金属材料是由非金属元素或化合物构成的材料。随着科技与生产力的发展，非金属材料和复合材料也得到了迅速发展。在一定程度上，非金属材料不仅能替代金属材料，在某些特性上也会起到一些金属材料所没有的作用。

塑料由于质轻，比强度高，不溶于水，不导电，不导热，可广泛用于各类工业产品包装、农业中地表薄膜、输水管道、家用电器外壳、医疗器械、电线、电缆、通讯、航空等现代领域。其中，ABS 塑料还具有易加工、尺寸稳定，表面光泽度好，容易涂装、着色，还可以在表面喷镀金属、电镀、焊接、热压和黏接等二次加工，目前在新兴起的 3D 打印市场上颇受青睐，可用来制作机械、汽车、电子仪表和建筑等工业领域的各种构件，是一种用途极广的热塑性工程塑料。

工业上用的运输带、传动带、各种密封圈，医用的手套、输血管，日常生活中所用的胶鞋、雨衣、暖水袋等都是以橡胶为主要原料制造的，国防上使用的飞机、大炮、坦克，甚至尖端科技领域里的火箭、人造卫星、宇宙飞船、航天飞机等都需要大量的橡胶零部件。

陶瓷材料具有硬度高、耐磨性好、熔点高、抗氧化性好和耐腐蚀性强等优点，可以用来制作刀具、模具、坩埚、耐高温零件以及多功能元件等。

复合材料是由两种或两种以上不同性质的材料组合而成的人工合成固体材料。它不仅能保持各组成材料的优点，而且还可获得单一材料无法具备的优越综合机械性能。玻璃钢、碳纤维强化塑料(CFRP)、纤维增强金属(FRM)、金属-塑料层辑材料等都是复合材料的例子。

1.2　常用金属材料简介

1.2.1　常用金属材料

常用金属材料分为黑色金属和有色金属两大类，黑色金属常常使人误会，以为黑色金属一定是黑的，其实不然。黑色金属只有三种：铁、锰、铬。而它们三个都不是黑色的！纯铁是银白色的，锰是银白色的，铬是灰白色的。因为铁的表面常常生锈，盖着一层黑色的四氧化三铁与棕褐色的三氧化二铁的混合物，看去就是黑色的，所以人们称之为"黑色金属"。碳的质量分数在 2.11% 以下的铁碳合金称为钢，碳的质量分数在 2.11% 以上的合金称为生铁，把铸造生铁放在熔铁炉中熔炼成液体，浇注进模具型腔，就得到铸铁件。狭义的有色金属又称非铁金属，是铁、锰、铬以外的所有金属的统称。广义的有色金属还包括有色合金。有色合金是以一种有色金属为基体(通常大于 50%)，加入一种或几种其他元素而构成的合金。下面就常用的金属做简单的介绍。

1. 钢

钢按其化学成分可分为碳素钢和合金钢。碳素钢的主要成分为铁和碳，在碳素钢的基础上，冶炼时专门加入一种或几种合金元素就形成了合金钢。此外，钢中还含有少量其他杂质，如硅、锰、硫、磷等。其中硫和磷通常是有害杂质，必须严格控制其含量。

1)碳素钢

根据生产上的需要有多种方法对碳素钢进行分类。

(1)按化学成分不同，可分为低碳钢、中碳钢和高碳钢。其中低碳钢的碳的质量分数≤0.25%，其性能特点是强度低，塑性、韧性好，锻压和焊接性能好；中碳钢的碳的质量分数在0.25%～0.60%，这类钢具有较高的强度和一定的塑性、韧性；高碳钢的碳的质量分数>0.6%，经适当的热处理后，可达到很高的强度和硬度，但塑性和韧性较差。

(2)按用途不同，可分为碳素结构钢和碳素工具钢。碳素结构钢主要用于制造机械零件和工程结构，大多是低碳钢和中碳钢；碳素工具钢主要用于制造硬度高、耐磨的工具、刀具、模具和量具等，它们一般都是高碳钢。

(3)按质量等级(有害杂质含量)不同，可分为普通质量碳素钢、优质碳素钢和特殊质量碳素钢。

2)合金钢

合金钢按合金元素的含量，可分为低合金钢、中合金钢和高合金钢；按主要用途可分为合金结构钢、合金工具钢和特殊性能钢(不锈钢、耐热钢、耐磨钢等)。

2. 铸铁

生产上常用的铸铁有灰口铸铁(片状石墨)、球墨铸铁(球状石墨)、可锻铸铁(团絮状石墨)等，它们的碳的质量分数通常在 2.5%～4.0%。其中最常用的是灰铸铁，它的铸造性能好，可浇注出形状复杂和薄壁的零件，但灰铸铁脆性较大，不能锻压，且焊接性能也差，因此主要用于生产铸件。灰铁的抗拉强度、塑性和韧性都远低于钢，但抗压性能好，还具有良好的减振性、耐磨性和切削加工性能，生产方便，成本低廉，生产上主要用于制作机床床身、内燃机的气缸体、缸套、活塞环及轴瓦、曲轴等。

3. 铝及其合金

铝的主要特点是比重小，导电、导热性较好，塑性好，抗大气腐蚀性好，能通过冷、热变形制成各种型材；铝的强度低，经加工硬化后强度可提高，但塑性下降。

工业纯铝主要用来制造电线、散热器等要求耐腐蚀而强度要求不高的零件以及生活用具等。铝的合金可用来制作门框、窗框、家具等。

4. 铜及其合金

铜具有良好的导电性、导热性、耐腐蚀性和延展性等物理化学特性。纯铜可拉成很细的铜丝，制成很薄的铜箔。纯铜的新鲜断面是玫瑰红色的，但表面形成氧化铜膜后，外观呈紫红色，故常称紫铜。铜可以与锡、锌、镍等金属化合成具有不同特点的合金，即青铜、黄铜和白铜。铜及其合金在电器、电力和电子工业中用量最大。据统计，世界上生产的铜，近一半消耗在电器工业中。军事上用铜制造各种子弹、炮弹、舰艇冷凝管和热交换器以及各种仪表的弹性元件等，还可用来制作轴承、轴瓦、油管、阀门、泵体，以及高压蒸汽设备、医疗器械、光学仪器、装饰材料及金属艺术品和各种日用器具等。

5. 钛——21 世纪金属

钛和钛合金被认为是 21 世纪的重要材料，它具有很多优良的性能，如熔点高、密度小、可塑性好、易于加工、机械性能好等。尤其是抗腐蚀性能非常好，即使把它们放在海水中数年，取出后仍光亮如新，其抗腐蚀性能远优于不锈钢，因此被广泛用于火箭、导弹、航天飞机、船舶、化工和通讯设备等，钛合金与人体有很好的"相容性"，因此可用来制造人造骨。

1.2.2 常用钢铁材料的牌号和用途

普通碳素结构钢的牌号主要由表示机械性能指标中屈服点的"屈"字拼音首字母"Q"和屈服点数值(以 MPa 为单位)构成的。常用的种类有 Q195、Q235 等，它们常用于制造螺栓、螺钉、螺母、法兰盘、键、轴等。

优质碳素结构钢的牌号由代表钢中的平均碳的质量分数的万分数的两位数字来表示。常用的有低碳钢 08、15、20；中碳钢 35、45、50；高碳钢 65 等。其中 08 钢主要用于冲压件和焊接件，45 钢可用于制造齿轮、轴、连杆等零件，65 钢多用于制造弹簧等。

碳素工具钢的牌号有"碳"字的拼音首字母"T"和代表钢中的平均碳的质量分数的千分数的数字来表示。常用的牌号有 T8、T10、T12 等。碳素工具钢主要用于制造硬度高、耐磨的工具、量具和模具，如锯条、手锤、刮刀、锉刀、丝锥、量规等。

合金结构钢可用于制造各种机械结构零件，如 40Cr、40CrNiMoA、45CrNi 等可以制造一些简单的齿轮、连杆、曲轴、车床主轴等；合金工具钢主要有 Cr12、9SiCr、W6Mo5Cr4V2、W18Cr4V 等，分别可用于制造冷作模具、量具、刀具等；特殊性能钢中的不锈钢(0Cr19Ni9、1Cr18Ni9 等)可因其耐腐蚀性好用来做医疗器具、量具等，耐热钢(2Cr12WMoVNbB、0Cr25Ni20 等)可用来制造叶片、轮盘等，耐磨钢(ZGMn13 等)可用来制造铲斗、衬板等耐磨件。

灰口铸铁的牌号以"灰铁"汉语拼音字母 HT 加表示其最低抗拉强度(MPa)的三位数字组成，如 HT100、HT150、HT350 等。常用于机器设备的床身、底座、箱体、工作台等，其商品产量占铸铁总产量的 80% 以上。

球墨铸铁的牌号以"球铁"汉语拼音字母 QT 加表示其最低抗拉强度(MPa)和最小伸长率(%)的两组数字组成，如 QT600-3。球墨铸铁强化处理后比灰口铸铁有着更好的机械性能，又保留了灰口铸铁的某些优良性能和价格低廉的优点，可部分代替碳素结构钢用于制造曲轴、凸轮轴、连杆、齿轮、气缸体等重要零件。

1.2.3　金属材料的力学性能

金属材料的力学性能是指材料在受外力作用时所表现出来的各种性能。由于机械零件大多是在受力的条件下工作，因而所用材料的力学性能就显得格外重要。力学性能指标主要有强度、塑性、韧性、硬度等。

1. 强度

强度是指材料在外力的作用下抵抗塑性变形和断裂的能力。金属强度指标主要以屈服强度 σ_s 和抗拉强度 σ_b 最为常用。

2. 塑性

塑性是指金属材料在外力作用下发生塑性变形而不被破坏的能力。常用的塑性指标是延伸率 δ 和断面收缩率 ψ。二者数值越大，表明材料的塑性越好。

3. 韧性

韧性是指材料在断裂前吸收变形能量的能力。常用的韧性指标是用通过冲击试验测得的材料冲击吸收功的大小来表示的。

4. 硬度

硬度是反映材料抵抗比它更硬的物体压入其表面的能力。常用的硬度指标有布氏硬度和洛氏硬度。在压缩状态下，不同深度的金属所承受的压力及引起的变形不同，硬度值是压痕附近局部区域内及金属材料的弹性、微量塑性变形能力、塑性变形强化能力、大量塑料变形抗力等机械性能的综合反映。

1.3　钢材的火花鉴别

钢材的品种繁多，应用广泛，性能差异也很大，因此对钢材的鉴别就显得异常重要。钢材的鉴别方法很多，现场主要用火花鉴别及根据钢材色标识别两种方法。火花鉴别法是依靠观察材料被砂轮磨削时所产生的流线、爆花及其色泽判断出钢材化学成分的一种简便方法。

火花鉴别常用的设备为手提式砂轮机或台式砂轮机，砂轮宜采用 46～60 号普通氧化铝砂轮。手提式砂轮直径为 100～150mm，台式砂轮直径为 200～250mm，砂轮转速一般为 2800～4000r/min。

火花鉴别的要点是：详细观察火花的火束粗细、长短、花次层叠程度和它的色泽变化情况。注意观察组成火束的流线形态，火花束根部、中部及尾部的特殊情况和它的运动规律，同时还要观察火花爆裂形态、花粉大小和多少。施加的压力要适中，施加较大压力时应着重观察钢材的碳的质量分数；施加较小压力时应着重观察材料的合金元素。

1.3.1 火花的组成和名称

1. 火束

钢件与高速旋转的砂轮接触时产生的全部火花叫火花束，也叫火束。火束由根部火花、中部火花和尾部火花三部分组成，如图1-2所示。

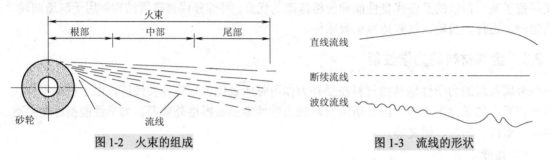

图1-2 火束的组成   图1-3 流线的形状

2. 流线

钢件在磨削时产生的灼热粉末在空间高速飞行时所产生的光亮轨迹，称为流线。流线分直线流线、断续流线和波纹状流线等几种，如图1-3所示。碳钢火束的流线均为直线流线；铬钢、钨钢、高合金钢和灰铸件的火束流线均呈断续流线；而呈波纹状的流线不常见。

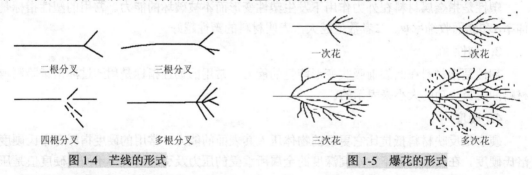

图1-4 芒线的形式   图1-5 爆花的形式

3. 节点和芒线

流线上中途爆裂而发出的明亮而稍粗的点，叫节点。火花爆裂时所产生的短流线称为芒线。因钢中碳的质量分数的不同，芒线有二根分叉、三根分叉、四根分叉和多根分叉等几种，如图1-4所示。

4. 爆花与花粉

在流线或芒线中途发生爆裂所形成的火花形状称为爆花，由节点和芒线组成。只有一次爆裂芒线的爆花称为一次花，在一次花的芒线上再次发生爆裂而产生的爆花称为二次花，以此类推，有三次花、多次花等，如图1-5所示。分散在爆花之间和流线附近的小亮点称为花粉。出现花粉为高碳钢的火花特征。

5. 尾花

流线末端的火花，称为尾花。常见的尾花有两种形状：狐尾尾花和枪尖尾花，如图1-6

所示。根据尾花可判断出所含合金元素的种类，狐尾尾花说明钢中含有钨元素，枪尖尾花说明钢中含有钼元素。

狐尾尾花　　　　　枪尖尾花

图 1-6　尾花的形状

6. 色泽

整个火束或某部分的火束的颜色，称为色泽。

1.3.2　碳钢火花的特征

碳钢中火花爆裂情况随碳的质量分数的增加而分叉增多，且形成二次花、三次花甚至更复杂。火花爆裂的大小随碳的质量分数的增加而增大，碳的质量分数在 0.5% 左右时最大，火花爆裂数量由少到多，花粉增多，如图 1-7 所示。

碳钢的火花特征变化规律如表 1-1 所示。

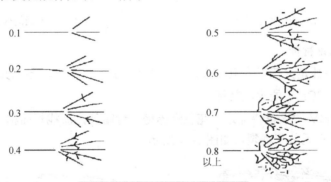

图 1-7　碳的质量分数与火花特征

表 1-1　碳钢的火花特征

ω_C /%	流线					爆花				磨砂轮时手的感觉
	颜色	亮度	长度	粗细	数量	形状	大小	花粉	数量	
0	亮黄	暗	长	粗	少	无爆花				软
0.05						二根分叉	小	无	少	
0.1						三根分叉		无		
0.2						多根分叉		无		
0.3						二次花多分叉		微量		
0.4						三次花多分叉		稍多		
0.5										
0.6		亮	长	粗			大			
0.7										
0.8		暗	短	细						
>0.8	黄橙				多	复杂	小	多量	多	硬

1.3.3 常用钢的火花特征

通过用砂轮磨削材料，观察火花形态的方法，辨别 15 钢、45 钢、T8 钢、W18Cr4V 钢等四种不同牌号的钢材。

1. 15 钢的火花特征

低碳钢 15 钢的火花特征是火束呈草黄微红色，流线长，节点清晰，爆花数量不多，如图1-8 所示。

2. 45 钢的火花特征

中碳钢 45 钢的火花特征是火花束色黄而稍明，流线较多且细，挺直，节点清晰，爆花多为多根分叉三次花，花数占全体的 3/5 以上，有很多小花及花粉产生，如图 1-9 所示。

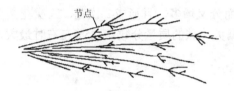
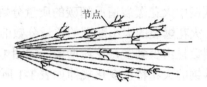

图 1-8　15 钢的火花特征　　　　　　图 1-9　45 钢的火花特征

3. T8 钢的火花特征

T8 钢的火花特征是火花束为橙红微暗，流线短且直，节花多且较密集，如图 1-10 所示。

4. 高速钢 W18Cr4V 的火花特征

高速钢 W18Cr4V 的火花特征是火花色泽赤橙，近暗红，流线长而稀，并有断续状流线，火花呈狐尾状，几乎无节花爆裂，如图 1-11 所示。

图 1-10　T8 钢的火花特征　　　　　图 1-11　W18Cr4V 钢的火花特征

1.4　钢的热处理

1.4.1 热处理及其分类

钢的热处理是将钢铁材料、毛坯或零件在固态下进行加热、保温、冷却，使其内部组织发生变化，从而获得所需性能的工艺方法。加热、保温和冷却是钢的热处理的三个基本要素。热处理通过改变钢铁材料的内部组织结构改变其性能，还可以消除钢铁材料或毛坯组织结构的某些缺陷，从而提高质量，降低成本，延长寿命。

在现代工业中，热处理已经成为保证产品质量、改善加工条件、节约能源和材料的一项重要工艺措施。在机床、运输设备行业中 70%～80% 左右的零件要热处理，而在量具刃具、轴承和工模具等行业中甚至为 100%。热处理的方法很多，按其工序位置不同可分为预备热处理和最终热处理。预备热处理可以改善钢的加工性能，为后续工序做好组织和性能准备，从而提高生产率和加工质量。最终热处理可以提高钢的使用性能，充分发挥金属材料的性能潜力，保证产品质量，延长零件的使用寿命。

按照热处理的目的、要求和工艺方法的不同，热处理可分为三大类。

(1)普通热处理：包括退火、正火、淬火、回火。

(2)表面热处理：包括表面淬火、化学热处理(如渗碳、渗氮等)。

(3)其他热处理：包括形变热处理、超细化热处理、磁场热处理等。

各种热处理都可以用温度、时间为坐标的热处理工艺曲线来表示，如图 1-12 所示。

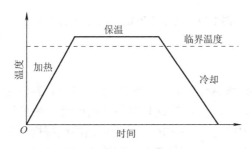

图 1-12　热处理工艺曲线示意图

1. 普通热处理

1)退火和正火

退火和正火是生产中应用很广泛的预备热处理工艺，安排在铸造、锻造之后，切削加工之前，用以消除前一工序所带来的某些缺陷，为随后的工序做准备。例如，经铸造、锻造等热加工以后，工件中往往存在残余应力，硬度偏高或偏低，组织粗大，存在成分偏析等缺陷，这样的工件其力学性能低劣，不利于切削加工成形，淬火时也容易造成变形和开裂。经过适当的退火或正火处理可以消除工件的内应力，调整硬度以改善切削加工性能，使组织细化、成分均匀，从而改善工件的力学性能并为随后的淬火做准备。对于一些受力不大、性能要求不高的机器零件，也可作最终热处理。

(1)退火。

钢的退火是将钢加热到预定温度，保温一段时间后随炉缓慢冷却，使钢获得接近平衡状态的组织和性能的热处理工艺。例如 45 钢退火就须加热至 820~850℃。退火可降低钢的硬度，改善切削加工性能；消除内应力，稳定尺寸，消除某些铸锻焊热加工缺陷；细化晶粒，调整组织，消除组织缺陷，便于切削加工、冷冲压加工和后续热处理，保持尺寸稳定性和减少变形。退火主要用于铸、锻、焊件等。

(2)正火。

钢的正火是将钢加热到相变温度(临界温度点)以上的一定的温度，保温适当时间后在空气中冷却的热处理工艺。正火本质上是一种退火，经正火处理的钢，其机械性能接近于退火状态，但因冷却速度较退火快，占用热处理设备的时间短，生产成本低，故在技术允许的情况下尽量用正火代替退火。对一些使用性能要求不高的中碳钢零件也可用正火代替调质处理(淬火+高温回火)，既满足使用性能要求，又降低了生产成本。

图 1-13 所示为几种退火和正火的加热温度范围示意图。

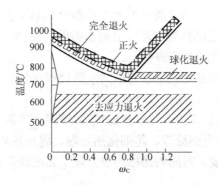

图 1-13　几种退火和正火的加热温度范围

2) 淬火和回火

（1）淬火。

淬火是将钢加热到 Ac_3 或 Ac_1 以上 30～50℃（图 1-14），经保温后在水、油或其他冷却介质中快速冷却的热处理工艺。淬火后的钢具有很高的硬度和耐磨性，且随碳的质量分数增加而增加，高碳钢淬火后的硬度可达 65HRC，是强化钢的机械性能的最主要的工艺方法。淬火后的钢在机械性能方面具有硬度高、强度高、塑性和韧性低的特点，但内应力大，脆性高，钢的组织不稳定，极易变形或开裂。不仅很难对其进行机械加工，并且不能直接在淬火状态下使用。淬火后的钢必须再及时回火后才能使用。

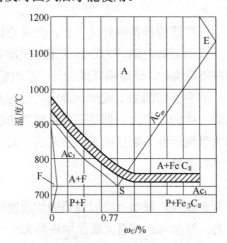

图 1-14　碳钢的淬火加热温度范围

（2）回火。

回火是将经淬火的钢加热到相变温度（临界温度点）以下的某一较低温度，经保温后以一定的方式冷却到室温的热处理工艺。回火不仅可以调整淬火后的钢的强度和硬度，使零件获得所需要的机械性能，而且可以稳定钢的组织和消除淬火内应力，防止零件在加工和使用过程中变形或开裂。按回火温度不同，回火分为低温回火、中温回火、高温回火。淬火钢再次进行高温回火处理又称调质处理，经调质处理的钢具有优良的综合机械性能和工艺性能，广泛地用于重要机械零件的热处理。

2. 表面热处理

表面热处理是专门对钢的表层进行强化的热处理工艺。表面热处理是机械制造工程中最常用的材料表面强化工艺，一般是为了使钢的表面层有较高的硬度、耐磨性、疲劳强度和抗腐蚀性，而心部有较高的强度和韧性。表面热处理常用于传动轴、齿轮等重要零件。常用的表面热处理工艺主要有表面淬火和化学热处理两大类。

1) 表面淬火

表面淬火是利用快速加热使工件表面迅速达到淬火加热温度，在热量还来不及传到工件中心时就快速冷却下来的热处理工艺。最常用的表面淬火方法是感应加热表面淬火。它是利用工件在交变磁场中产生感应电流，将工件表层迅速加热到淬火温度，而工件中心温度变化很小，经喷水快速冷却的方法，如图 1-15 所示。

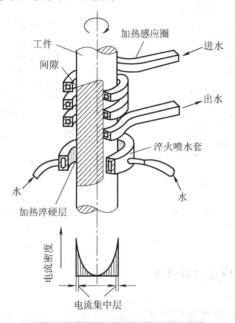

图 1-15　感应加热表面淬火示意图

2) 化学热处理

钢的化学热处理是将工件置于一定温度的化学介质中加热和保温，使介质中的活性原子渗入表层，以改善钢件表层的化学成分和组织，从而获得所需的力学性能或理化性能。化学热处理除了使工件的表面的硬度、耐磨性提高以外，还可以使工件表面获得一些特殊的性能，如耐热性、耐蚀性等。

化学热处理根据渗入元素的不同可分为：渗碳、渗氮、碳氮共渗、渗硼以及渗金属等。以适应不同的场合，其中以渗碳应用最广。渗碳主要用于既承受强烈摩擦，又承受冲击或循环应力的钢件，如汽车变速箱齿轮、活塞销、凸轮、自行车和缝纫机的零件等。

1.4.2　热处理的常用设备

常用的热处理设备主要包括：热处理加热设备、冷却设备和质量检验设备等。

1. 热处理加热设备

热处理加热的专用设备称为热处理炉，常用的热处理热炉有箱式电阻炉(图 1-16)、井式电阻炉(图 1-17)、渗碳炉、盐浴炉、真空炉、热处理自动化线等。它们又因使用温度不同而分为高温炉(1000℃以上)、中温炉(650~1000℃)、低温炉(600℃以下)。箱式电阻炉和井式电阻炉都是利用发热元件的电阻发热对钢件加热。箱式电阻炉结构简单，价格便宜；井式电阻炉一般将炉体部分或大部分置于地坑中，以方便工件进炉和出炉，特别适用于长轴类工件的垂直吊挂加热，可防止其变形。盐浴炉是利用熔融状态的盐(如 $NaCl$、$BaCl_2$ 等)做加热介质，它加热速度快、工件变形小，而且还能保护钢件表面，减少表面的氧化和脱碳。真空炉是工件在真空环境中进行加热的设备，完全消除了加热过程中工件表面的氧化、脱碳，可获得无变质层的清洁表面。

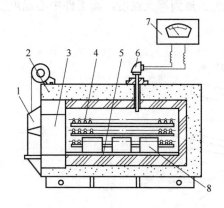

图 1-16 箱式电阻炉示意图

1-炉门；2-炉体；3-炉膛前部；4-电热元件；
5-耐热炉钢底板；6-测温热电偶；
7-电子控温仪表；8-工件

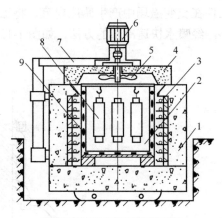

图 1-17 井式电阻炉示意图

1-炉体；2-炉膛；3-电热元件；
4-炉盖；5-风扇；6-电动机；
7-炉盖升降机构；8-工件；9-装料筐

2. 热处理冷却设备和质量检验设备

1)冷却设备

退火、正火和回火都不需要专门的冷却设备，因此，热处理冷却设备主要是指用于淬火的水槽和油槽(见图 1-18)等。其结构一般为上口敞开的箱形或圆筒形槽体，内盛水或油等淬火介质，常附有冷却系统或搅拌装置，以保持槽内淬火介质温度的稳定和均匀。碳钢工件淬火，一般用水冷却，价格便宜，冷却速度快，如在水里溶有少量食盐，冷却能力会增强；合金钢淬火，则用油冷却，油的冷却速度慢，淬火应力小。

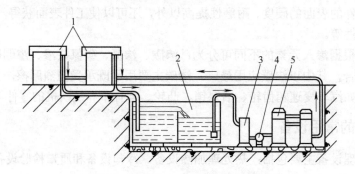

图 1-18 油循环冷却系统结构示意图

1-淬火油槽；2-集油槽；3-过滤器；4-油泵；5-冷却器

2)质量检验设备

热处理质量检验设备通常有：检验硬度的硬度试验机、检验裂纹的磁粉探伤机、检验材料内部组织的金相显微设备等。现简单介绍常用的布氏硬度计和洛氏硬度计的结构和使用方法。

(1)布氏硬度。

布氏硬度试验的原理是用一定的载荷力 F，将直径为 D 的淬火钢球，压入被测金属的表面，如图 1-19 所示，保持一定时间后卸去载荷，测出金属表面上的凹痕直径后，从硬度换算表上查出布氏硬度值，用 HB 表示。HB 值越大材料越硬。

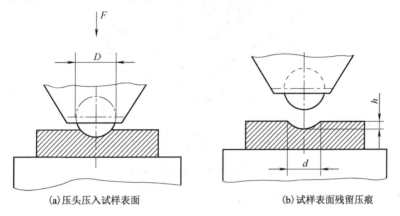

(a)压头压入试样表面　　　　　　　　(b)试样表面残留压痕

图 1-19　布氏硬度试验原理图

布氏硬度的测定方法如图 1-20 所示。

① 将被测试件置于工作台 3 上，转动手轮使工作台徐徐上升到试样与压头接触(应注意压头固定是否可靠)，到手轮打滑为止，此时初载荷已加上。

② 按下加载按钮 10，加载指示灯 1 亮，自动加载并卸载，指示灯 1 灭。

③ 逆时针转动手轮 6，工作台下降，取下被测试样，使用读数显微镜读出试样压痕直径。

④ 根据《金属布氏硬度数值表》查出相对应的硬度值。

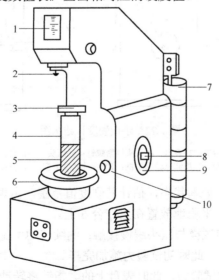

图 1-20　HB-3000 布氏硬度计结构图

1-指示灯；2-压头；3-工作台；4-立柱；5-丝杠；6-手轮；
7-载荷砝码；8-压紧螺钉；9-时间定位器；10-加载按钮

(2)洛氏硬度。

洛氏硬度试验的原理是用一定形状的压头在初试验力和总试验力(初试验力+主试验力)的作用下,压入试样表面,保持一段时间后,卸除主试验力,此时试样的压痕深度来确定其硬度值,如图1-21所示。

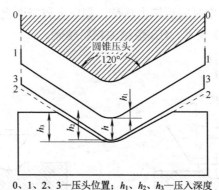

0、1、2、3—压头位置;h_1、h_2、h_3—压入深度

图1-21　洛氏硬度试验原理

洛氏硬度的测定方法如图1-22所示。

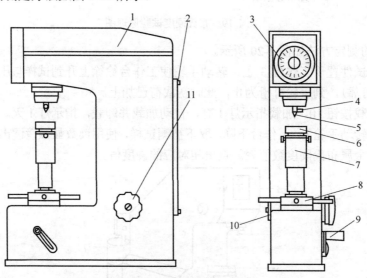

图1-22　洛氏硬度计结构图

1-上盖;2-后盖;3-表盘;4-压头锁紧螺钉;5-压头;6-试台;7-保护罩;
8-旋轮;9-加卸试验力手柄;10-缓冲器调节窗;11-变荷手轮

① 根据试样的材料及热处理状态,估计其硬度值范围,由表1-2选择合适的试验条件。

② 将试样两面磨平后,平稳地放置在工作台6上。

③ 顺时针转动手轮,使试样与压头缓慢接触;继续转动手轮,直至表盘3上的小指针指到红点处,停止转动手轮11,此时初试验力施加完毕。

④ 推动手柄9,施加主试验力,此时表盘上的大指针将转动,待其停止转动后,表明主试验力施加完毕。

⑤ 扳动手柄9(使其回到原位置),卸除主试验力,此时表盘3上大指针所指刻度,即为试样的洛氏硬度值。

⑥ 逆时针转动手轮 11，降下工作台，取下试样，试验完毕。

表 1-2　常用洛氏硬度标尺的试验条件与应用范围

硬度符号	压头类型	总试验力/N	测量范围	应用举例
HRA	120°的金刚石圆锥体	588.4	70～85HRA	高硬度表面、硬质合金等
HRB	1.588mm 淬火钢球	980.7	20～100HRB	退火钢、灰铸铁、非铁合金等
HRC	120°的金刚石圆锥体	1471.1	20～67HRC	淬火、回火钢等

大多数的机械零件对硬度都有一定的要求，而刀具、模具等更要求有足够硬度，以保证其使用性能和寿命，并且硬度试验是材料力学性能试验中最简单快捷的一种方法。布氏硬度计的压头为淬火钢球，压痕大，一般用于毛坯件的检测。洛氏硬度计压痕小，采用不同标尺，可测定各种软硬不同和薄厚不一样试样的硬度，因而在生产中广泛应用。

1.5　热处理实训

1. 热处理教学基本要求

(1) 了解热处理的作用和应用。

(2) 了解常用热处理方法及设备。

(3) 了解材料的分类方法——火花鉴别法。

(4) 掌握热处理加热炉的操作过程。

(5) 掌握热处理后的硬度检测。

(6) 学会常用金属零件的热处理。

2. 实训安全技术操作规程

(1) 实训时必须穿戴防护用品，如：工作服、手套、防护眼镜等。

(2) 操作必须在指导教师的指导下进行，不得擅自动用各种设备。

(3) 仔细检查测温仪表、热电偶、电气设备的接线是否完好。

(4) 热处理仪表、仪器未经同意不得随意调整或使用。

(5) 箱式电阻炉使用温度不得超过额定值。

(6) 凡经热处理的工件，不得用手去摸，以免工件未冷却而造成灼伤。

(7) 操作结束后，应切断电源、整理工作场地，清理炉内脏物。

3. 热处理实训教学内容

1) 专业基础讲解

(1) 讲解钢的分类方法、钢的牌号及钢的用途、金相检验的基本知识。

(2) 结合实物讲解热处理在机械制造中的作用，材料的性能和热处理的关系，主要的热处理方法和热处理工艺制定因素。

2) 实训主要任务及内容

项目一：火花鉴别

用火花鉴别法鉴别表 1-3 中所列材料，比较不同碳量的碳钢及合金钢的火花特征。

表 1-3 项目一

材料名称	操作内容	观察爆花形式	分辨花束色	火花特征
20 钢	钢的火花鉴别			
45 钢	钢的火花鉴别			
T12 钢	钢的火花鉴别			
Gr15 钢	钢的火花鉴别			
W18Cr4V	钢的火花鉴别			

项目二：硬度测定

测定表 1-4 中所列的金属材料及热处理状态下，试样的洛氏硬度值、布氏硬度值。

表 1-4 项目二

序号	材料	热处理方法	洛氏硬度			
			HRC	HRC	HB	HB
1	20	正火				
2	45	退火				
3	45	淬火				
4	45	调质				
5	T8	淬火				
6	灰口铸铁	铸态				

项目三：淬火技能训练

分小组进行 45 钢的不同冷却条件下的淬火操作(空冷、油冷、水冷)。磨制试样，测定经不同淬火处理后试样的硬度值，将测得的硬度值填入实验报告表格中，并与淬火实验前的试样硬度作对比，得出分析结论。

第2章 铸 造

2.1 铸 造 概 述

铸造是指将熔融金属液浇入具有和零件形状相适应的铸型空腔中，凝固后获得一定形状和性能金属件的成形方法。用铸造方法得到的金属件称为铸件。铸造主要工艺过程包括：金属熔炼、模型制造、浇注凝固和脱模清理等。铸造用的主要材料是铸钢、铸铁、铸造有色合金(铜、铝、锌、铅等)等。

铸造的方法很多，主要有砂型铸造和特种铸造，特种铸造包括金属型铸造、压力铸造、离心铸造以及熔模铸造等，其中以砂型铸造应用最广泛。

铸造的优点是适应性强(可制造各种合金类别、形状和尺寸的铸件)，成本低廉；其缺点是生产工序多，铸件质量难以控制，铸件力学性能较差，劳动强度大。铸造主要用于形状复杂的毛坯件生产，如机床床身、发动机气缸体、各种支架、箱体等，它是制造具有复杂结构金属件最灵活的成形方法。

2.2 砂型铸造基本工艺

砂型铸造是指铸型以型砂为材料进行制备，其典型工艺过程包括模样和芯盒的制作、型砂和芯砂配制、造型制芯、合箱、熔炼金属、浇注、落砂、清理及铸件检验。图 2-1 是套筒铸件的铸造生产工艺过程。

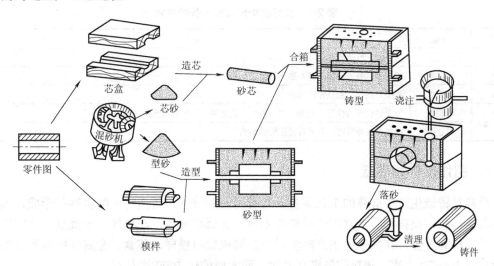

图 2-1 套筒砂型铸造工艺过程示意图

2.2.1 铸型

铸型一般由上型、下型、型芯、浇注系统等几部分组成。图 2-2 为常用两箱造型的铸型示意图。

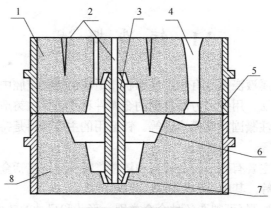

图 2-2　铸型的组成

1-上型；2-通气孔；3-型芯；4-浇注系统；5-分型面；6-型腔；7-芯头芯座；8-下型

2.2.2 型砂的制备

砂型铸造用的造型材料主要是型砂和芯砂，型砂用于制造砂型，芯砂用于制造砂芯。通常型砂是由原砂(山砂或河砂)、黏土和水按一定比例混合而成，其中黏土约为 9%，水约为 6%，其余为原砂。有时还加入少量附加物以提高型砂和芯砂的性能，如煤粉、植物油、木屑等。型砂的质量直接影响铸件的质量，型砂质量不达标会使铸件产生气孔、砂眼、黏砂、夹砂等缺陷。良好的型砂必须具备的性能如表 2-1 所示。

表 2-1　良好的型砂必须具备的性能

序号	性能	备注
1	透气性	型砂能让气体透过的性能称为透气性
2	强度	型砂抵抗外力破坏的能力称为强度
3	耐火性	指型砂抵抗高温热作用的能力
4	可塑性	指型砂在外力作用下变形，去除外力后能完整地保持已有形状的能力
5	退让性	指铸件在冷凝时，型砂可被压缩的能力

2.2.3 制作模样和芯盒

模样是铸造生产中必要的工艺装备，对有内腔的铸件，铸造时内腔由砂芯形成，因此还需要芯盒。制作模样和芯盒常用的材料有木料、金属和塑料。在单件、小批量生产时广泛采用木质模样和芯盒，在大批量生产时多采用金属或塑料模样、芯盒。金属模样与芯盒的使用寿命长达 10～30 万次，塑料的最多几万次，而木质的仅 1000 次左右。

为了保证铸件质量，在设计和制造模样和芯盒时(通常情况下模样的形状和零件图往往是不完全相同的)，必须先设计出铸造工艺图，然后根据工艺图的形状和大小，制造模样和芯盒。在设计工艺图时，要考虑的一些问题如表 2-2 所示。

表 2-2　设计工艺图时要考虑的一些问题

序号	问题	说明
1	分型面的选择	选择分型面时必须使模样能从砂型中取出，并使造型方便和有利于保证铸件质量
2	拔模斜度	为了易于从砂型中取出模样，凡垂直于分型面的表面，都做出 0.5°～4°的拔模斜度
3	加工余量	铸件需要加工的表面，均需留出适当的加工余量
4	收缩量	铸件冷却时要收缩，模样的尺寸应考虑收缩的影响。通常铸铁件要加大 1%；铸钢件加大 1.5%～2%；铝合金加大 1%～1.5%
5	铸造圆角	铸件上各表面的转折处，都要做成过渡性圆角，以利于造型及保证铸件质量
6	芯头	有砂芯的砂型，必须在模样上做出相应的芯头

2.2.4　手工造型

造型按其手段不同，可分为手工造型和机器造型。手工造型是全部用手工或手动工具完成紧砂、起模、修型的工序，机器造型是用机器完成造型过程中的主要操作工序。手工造型操作灵活、适应性广、工艺装备简单、成本低，但其铸件质量差、生产率低、劳动强度大、技术水平要求高，主要用于单件小批生产，特别是重型和形状复杂的铸件。手工造型常用的工具如图 2-3 所示，其用途如表 2-3 所示。

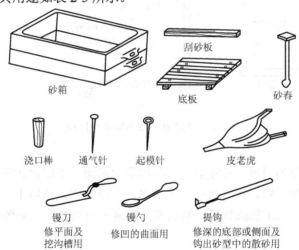

图 2-3　常用手工造型工具

表 2-3　手工造型工具的作用

工具名称	作用
砂箱	容纳和支撑砂型
底板	多用木材制成，用于放置模样
砂春	两端形状不同，尖圆头用于春实模样周围、靠近砂箱内壁，保证砂型内部紧实；平头板用于砂箱顶部的紧实
通气针	用于在砂型上适当位置扎通气孔，以排除型腔中的空气
起摸针	用于从砂型中取出模样
皮老虎	吹去模样上的分型砂和散落在表面的砂粒和其他杂物，使砂型表面干净整洁
镘刀	修整型砂表面或者在型砂表面挖沟槽
镘勺	在砂型上修补凹的曲面
提钩	修整砂型底板或侧面，也可勾出砂型中的散沙和其他杂物
刮板	刮去高出砂箱上平面的型砂和修大平面
浇口棒	制作浇注通道

手工造型按照砂箱特征可分为两箱造型、三箱造型和地坑造型；按照铸型特点分为整模造型、分模造型、挖砂造型、活块模造型、假相造型和刮板造型等。

1. 整模造型

整模造型的特点是模样为整体结构，最大截面在模样一端且是平面，造型操作简单，所得型腔形状和尺寸精度较好，适用于外形轮廓的顶端截面最大、形状简单的铸件，如盘、盖类铸件。齿轮坯整模造型过程如图 2-4 所示。

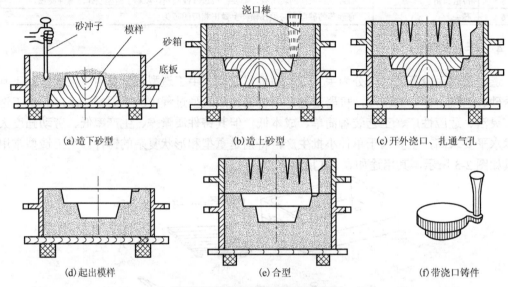

(a)造下砂型   (b)造上砂型   (c)开外浇口、扎通气孔

(d)起出模样   (e)合型   (f)带浇口铸件

图 2-4 齿轮坯整模两箱造型过程

2. 分模造型

分模造型中模样分为两半，分模面是模样的最大截面，型腔被放置在两个砂箱内，易产生因合箱误差而形成的错箱。这种造型方法简单，应用较广，适用于形状较复杂且有良好对称面的铸件，如套筒、管子和阀体等。套筒的分模两箱造型过程，如图 2-5 所示。

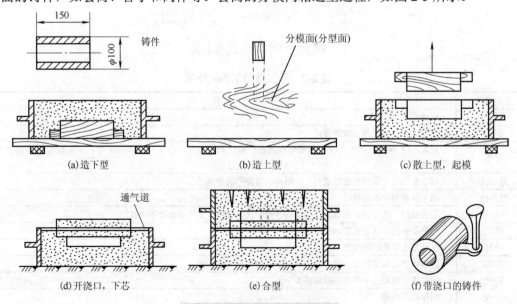

(a)造下型   (b)造上型   (c)散上型，起模

(d)开浇口，下芯   (e)合型   (f)带浇口的铸件

图 2-5 套筒分模两箱造型过程

3. 挖砂造型

当铸件的最大截面不在端部，模样又不便分开时（如模样太薄），仍做成整体模。分型面不是平面，造型时将妨碍起模的型砂挖掉，才能取出模样的造型方法称为挖砂造型。这种造型方法操作复杂，生产率低，只适合于单件小批量生产。图 2-6 所示为手轮的挖砂造型过程。

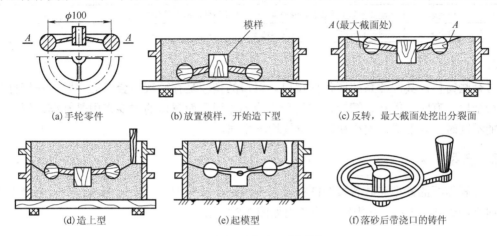

(a)手轮零件 (b)放置模样，开始造下型 (c)反转，最大截面处挖出分裂面

(d)造上型 (e)起模型 (f)落砂后带浇口的铸件

图 2-6 手轮的挖砂造型过程

2.2.5 浇注系统

1. 浇注系统作用

引导液体金属进入型腔的通道，称为浇注系统。若安置不当，可能产生浇不足、气孔、夹渣、砂眼等铸造缺陷。合理的浇注系统具有以下作用：

(1)调节金属液流速与流量，使其平稳均匀、连续地充满型腔，以免冲坏铸型。

(2)阻止熔渣、气体和砂粒随熔融金属进入型腔，防止产生夹渣、砂眼等缺陷。

(3)调节铸件的凝固顺序，防止产生缩孔。

(4)补充铸件冷凝收缩时所需的液体金属。

2. 浇注系统组成

典型的浇注系统由外浇口、直浇道、横浇道和内浇道 4 部分组成，如图 2-7 所示，各部分的作用如表 2-4 所示。

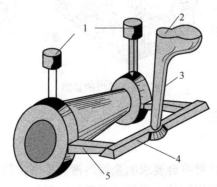

图 2-7 浇注系统及冒口

1-冒口；2-外浇口；3-直浇道；4-横浇道；5-内浇道

表 2-4　浇注系统各部分作用

序号	名称	作用
1	外浇口	减轻金属液流的冲击，使金属平稳地流入直浇道
2	直浇道	使液体金属产生一定的静压力，并引导金属液迅速充填型腔
3	横浇道	挡渣及分配金属液进入内浇道。简单的小铸件，横浇道有时可省去
4	内浇道	控制金属液流入型腔的方向和速度

3. 冒口

对有些铸件，其浇注系统还包括冒口。冒口的型腔是存贮液态金属的空腔，在铸件形成时补给金属，有防止缩孔、缩松、排气和集渣的作用，而冒口的主要作用是补缩。冒口的设计功能不同时，其形式、大小和开设位置均不相同。

2.2.6　合型

将已制作好的砂型和砂芯按照图样工艺要求装配成铸型的工艺过程叫合型。合型工作包括的内容如表 2-5 所示，其中铸型的紧固如图 2-8 所示。

表 2-5　合型包括的内容

序号	内容	说明
1	下芯	下芯的次序应根据操作上的方便和工艺上的要求进行，砂芯多用芯头固定在砂型里，下芯后要检验砂芯的位置是否准确、是否松动
2	合型	合型前要检查型腔内和砂芯表面的浮砂和脏物是否清除干净，各出气孔、浇注系统各部分是否畅通和干净，然后再合型。合型时上型要垂直抬起，找正位置后垂直下落按原有的定位方法准确合型
3	铸型的紧固	小型铸件的抬型力不大，可使用压铁压牢。中、大型铸件的抬型力较大，可用螺栓或箱卡固定(见图 2-8)

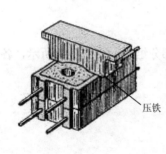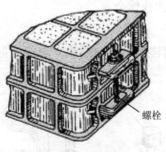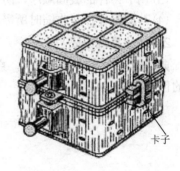

压铁　　　螺栓　　　卡子

图 2-8　铸型的紧固

2.2.7　合金的熔炼和浇注

1. 合金的熔炼

铸造合金的熔炼是为了获得符合要求的金属溶液。不同类型的金属，需要采用不同的熔炼方法及设备。如钢的熔炼是用转炉、平炉、电弧炉、感应电炉等；铸铁的熔炼多采用冲天炉；而非铁金属如铝、铜合金等的熔炼，则用坩埚炉及感应电炉等。常用的加热炉如图 2-9 所示，熔炼设备和熔炼原理如表 2-6 所示。

(a)坩埚炉

(b)感应电炉

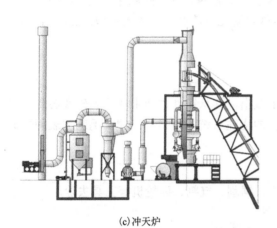

(c)冲天炉

(d)电弧炉

图 2-9 常用的加热炉

表 2-6 常用铸造合金的熔炼设备及原理

材料种类	熔炼设备	熔炼原理
有色合金	坩埚炉	有色金属的熔点低，熔炼时易氧化，合金中的低沸点元素(镁、锌)易蒸发，需要用这类设备在金属材料与燃料和燃气隔离的状态下进行
铸铁	冲天炉、电弧炉、感应电炉	冲天炉是利用对流的原理来进行熔炼的；电弧炉是将三根石墨作为电极垂直插入炉内，接通三相电源后，利用电极与燃料之间的电弧产生的热量对金属进行熔炼和精炼；感应电炉利用电磁感应原理来进行熔炼，感应电炉无法对金属进行精炼，因此金属液的质量较电弧炉差
铸钢	电弧炉、感应电炉	如上

2. 浇注

把液体合金浇入铸型的过程称为浇注。浇注常用工具有浇包(见图 2-10)、挡渣钩等。浇注前应根据铸件大小、批量选择合适的浇包，应对已使用过的浇包进行清理和修补，内表面要涂覆耐火材料，并对浇包和挡渣钩等工具进行烘干，以免降低铁液温度及引起铁水飞溅。浇注时注意以下问题。

(1)浇注温度：浇注温度过高，铁液在铸型中收缩量增大，易产生缩孔、裂纹及黏砂等缺陷；温度过低则铁液流动性差，又容易出现浇不足、冷隔和气孔等缺陷。

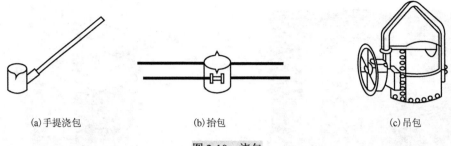

(a)手提浇包　　　　　　　　　　(b)抬包　　　　　　　　　　(c)吊包

图 2-10　浇包

(2)浇注速度：浇注速度太慢，铁液冷却快，易产生浇不足、冷隔以及夹渣等缺陷；浇注速度太快，则会使铸型中的气体来不及排出而产生气孔。同时，易造成冲砂、抬箱和跑火等缺陷。浇注速度应根据铸件的形状、大小决定，一般用浇注时间表示。

(3)浇注的操作：浇注前应估算好每个铸型需要的铁液量，安排好浇注路线，浇注时应注意挡渣，浇注过程中应保持外浇口始终充满。这样可防止熔渣和气体进入铸型。浇注结束后，应将浇包中剩余的铁液倾倒到指定地点。

2.2.8　铸件落砂与清理

铸件凝固冷却到一定温度后，将其从砂型中取出，并从铸件内腔中清除芯砂和芯骨的过程称为落砂。落砂后还需进一步清理，去除铸件的浇注系统、冒口、飞翅、毛刺和表面黏砂等，以提高铸件的表面质量。

1.　浇注系统和冒口的清理

浇注系统和冒口与铸件连在一起，可用榔头、锯割、气割、砂轮机等工具去除。

2.　铸件表面的清理

对铸件表面的黏砂、飞边、毛刺、浇口和冒口的根部痕迹等，可采用钢丝刷、榔头、锉刀、手砂轮等工具进行清理，特别是复杂的铸件以及铸件内腔常需用手工方式进行表面清理。

2.3　铸 造 实 训

2.3.1　教学基本要求

学生通过铸造实训达到以下要求：

(1)了解铸造生产的工艺过程及其特点和应用；

(2)了解芯砂、型砂等造型材料的主要性能、组成；

(3)了解模样、铸件、零件三者之间的关系；

(4)掌握手工两箱造型的特点及操作技能；

(5)熟悉铸件分型面的选择，浇注系统的组成、作用和开设原则；

(6)了解浇注工艺；

(7)了解铸件的落砂、清理，了解铸件的常见缺陷及产生的原因；

(8)熟悉并遵守铸造安全操作规程。

(9)独立完成结构简单的小型铸件(如飞机模型、车轮模型)的造型、浇注、清理等操作。

2.3.2　安全技术操作规程

铸造生产工序繁多，操作者与高温熔融金属相接触；车间环境一般较差(高温、高粉尘、高噪声、高劳动强度)，安全隐患多，既有人身安全，又有设备、产品的安全问题。因此，铸造的安全生产特别重要，主要的安全操作规程有：

(1)进入实验室必须穿合身的工作服、戴工作帽，禁止穿高跟鞋、拖鞋、凉鞋、短裤，以免发生烫伤；

(2)操作前要检查自用设备、工具、砂箱是否完好，选好模样；

(3)造型时要保持分型面平整、吻合，严禁用嘴吹型砂和芯砂，以免损伤眼睛；

(4)造好的铸型按指导人员要求摆放整齐，准备浇注；

(5)浇包在使用前必须烘干，不得有积水；

(6)浇包内金属液不得超过浇包总重量的 80%，以防抬运时飞溅伤人；

(7)浇注场地和通行道路不得放置其他不需要的东西，浇注场地不得有积水，防止金属液落下引起飞溅伤人；

(8)浇注时要戴好防护眼镜、安全帽等安全用品，不参与浇注的同学应远离浇包，以防烫伤；

(9)浇注剩余金属液要向固定地点倾倒；

(10)落砂后的铸件未冷却时，不得用手触摸，防止烫伤；

(11)清理铸件时，要注意周围环境，以免伤人；

(12)搬动砂箱要轻拿轻放，以防扎伤手脚或损坏砂箱；

(13)训练结束后，清扫工作场地，工具、模样必须摆放整齐。

2.3.3　设备、造型工具

1. 设备

(1)中频感应熔炼炉一台；

(2)20kW 电阻炉一台。

2. 造型工具及辅助工具

(1)砂型铸造的造型工具、修型工具(图 2-3)，工装、模样若干；

(2)砂箱若干、底板若干；

(3)铁锹若干、筛子若干；

(4)浇注工具手提浇包若干。

2.3.4　教学内容

铸造实训主要以手工砂型铸造为主要内容，通过讲解、示范等方式达到教学目的。其主要教学内容如下。

(1)铸造概述：铸造的概念、工艺过程、造型方法、特点及应用；造型材料芯砂、型砂的主要性能和作用；模样、铸件、零件三者之间的关系；浇注系统的构成及各部分的作用等。

(2)铸造实训的安全操作过程。

(3)配砂：采用天然黏土砂，将型砂筛至微细，清理型砂中的杂质，添加适度水分调节型砂湿度及紧实率。使配置型砂具备一定的湿强度、透气性、涣散性、流动性及韧性。

(4)分型面的选择：认识模型，在确定模型的分型面时先找到模型的最大截面，根据不同形状模型以最大截面为依据确定分型面，再根据加工零件形状、加工精度要求选择对铸件质量影响较小的位置。

(5)手工造型讲解与示范：以图 2-11 所示车轮整模造型和图 2-12 所示小飞机模型分模造型为例，讲解和示范其造型过程和相应的造型工具及其使用方法，认识模型，以及分型面的选择。

图 2-11　整模造型的铸件车轮　　　　　　图 2-12　分模造型的铸件小飞机

(6)熔炼与浇注：熔炼采用的设备是 20kW 电阻炉，浇注时要注意安全第一，检查合型完毕后再浇注。

(7)落砂清理及检验：落砂后切除浇口棒、清除砂芯、清除黏砂、检验铸件是否完整，是否存在砂眼、气孔、缩孔、错箱、裂纹等现象，分析相关原因总结经验。

(8)整理实习场地：将工具及砂箱清理干净、恢复原位并整齐放置；将型砂堆放完备；打扫实习场地卫生。

2.3.5　造型操作顺序

1. 整模造型操作顺序

当模型最大截面在模样一端且是平面，常采用整模造型。以车轮模样为例，其整模造型操作的一般顺序如下。

(1)造型准备：清理工作场地，用铁锹取沙，从天然黏土砂中筛出较细的型砂待用；备好车轮模样、砂箱等所需工具。

(2)造下砂型：顺序安放造型用底板、砂箱和模样，填入型砂。填砂时必须将型砂分次加入。用砂舂捣实，并用刮板刮去多余型砂，使砂箱表面和砂箱边缘平齐。

(3)翻转下砂箱：将已造好的下砂箱翻转 180° 后，并撒上一层分型砂。

(4)造上砂型：放置上砂箱、浇冒口模样并填砂紧实。

(5)取浇口棒、扎通气孔，做合箱记号：用刮刀修光浇冒口处型砂。用通气孔针扎出通气孔，取出浇口棒并在直浇口上部挖一个漏斗型作为外浇口。没有定位销的砂箱要用泥打上泥号，以防合箱时偏箱，泥号应位于砂箱壁上两直角边最远处，以保证 X,Y 方向均能准确定位。将上型翻转 180° 放在底板上。扫除分型砂，用水笔沾适量的水，刷在模样周围的型砂上，以增加这部分型砂的强度，防止起模时损坏砂型。刷水时不要使水停留在某一处，以免浇注时因水多而产生大量水蒸气，使铸件产生气孔。

(6)开箱起模：修整分型面并用刮板刮去多余的型砂，起模针位置尽量与模样的重心铅垂线重合，起模后，型腔如有损坏，可使用各种修型工具将型腔修好。

(7)开设内浇道(口)：内浇道(口)是将浇注的金属液引入型腔的通道。内浇道(口)开得好坏，将影响铸件的质量。

(8)合箱紧固：合箱时应注意使砂箱保持水平下降，并且应对准合箱线，防止错箱。浇注时如果金属液浮力将上箱顶起会造成跑火，因此要进行上下型箱紧固。

2. 分模造型操作顺序

当模型的最大截面在中间时常采用分模造型，其模型分为上半模型和下半模型，小飞机模型的分模造型的操作步骤如下。

(1)造型准备：清理工作场地，用铁锹取沙，从天然黏土砂中筛出较细的型砂待用；备好小飞机模样、砂箱等所需工具。

(2)造下砂型：顺序安放造型用底板、砂箱和下半模样。先填部分砂，将模样盖住，用手紧实，然后用铁锹加入型砂，用砂春捣实，并用刮板刮去多余型砂，使砂箱表面和砂箱边缘平齐。

(3)翻转下砂箱：将已造好的下砂箱翻转 180° 后，并修整分型面。

(4)造上砂型：放置上砂箱、上半模样、浇口棒，撒分型砂，并填砂紧实。

(5)取浇口棒、扎通气孔，做合箱记号。

(6)取上半模：翻转下砂箱，模型周围刷适量的水，取上半模并修整。

(7)取下半模：在下砂箱模型周围刷适量的水，取下半模。

(8)开设内浇道。

(9)合箱紧固：合箱时应注意使砂箱保持水平下降，并且应对准合箱线，防止错箱。浇注时如果金属液浮力将上箱顶起会造成跑火，因此要进行上下型箱紧固。

第3章 焊 接

3.1 焊 接 概 述

1. 焊接的概念

在工业生产中，经常需要将两个或者两个以上的被连接件连接在一起。其连接方式有两种：一种是机械连接，可拆卸，如键连接、螺栓连接等，如图3-1(a)、(b)所示；另一种是永久性连接，不易拆卸，如焊接、铆接等，如图3-1(c)、(d)所示。

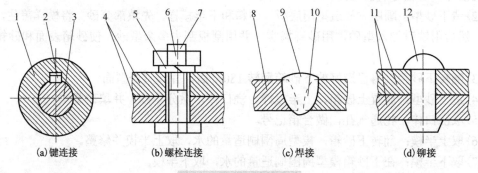

图 3-1 零件的连接方式

1—轮；2—键；3—轴；4、8、11—零件；5—垫圈；6—螺母；7—螺栓；9—焊缝；10—坡口；12—铆钉

随着焊接技术的快速发展及应用，焊接成为现代工业中用来制造或修理各种金属结构和机械零件、部件的主要方法之一。焊接是通过加热或加压，或两者并用，并且用(或不用)填充材料，使焊件达到原子结合的一种加工方法。被结合的两个物体可以是各种同类或不同类的金属、非金属(石墨、陶瓷、塑料等)，也可以是一种金属与一种非金属。但是在目前的工业中应用最普遍还是金属之间的结合。

作为一种永久性连接的加工方法，它已基本取代铆接工艺。与铆接相比，它具有：①节省材料，减轻结构质量；②简化加工与装配工序，接头密封性好，能承受高压；③易于实现机械化、自动化，提高生产率等一系列优点。焊接工艺已被广泛应用于厂房屋架、桥梁、造船、航空航天、汽车、矿山机械、冶金、电子等领域。

2. 焊接的分类

焊接的种类很多，按焊接过程的工艺特点和母材金属所处的表面状态，可分为：熔化焊、压力焊、钎焊三大类。常用的焊接方法具体分类如图3-2所示。

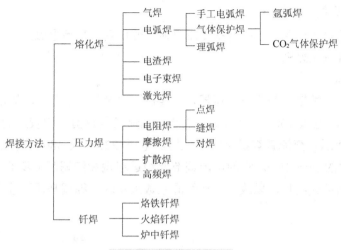

图 3-2 常用的焊接方法

3.2 焊接基本工艺

焊接工艺主要根据被焊工件的材质、牌号、化学成分，焊件结构类型，焊接性能要求来确定。不同的焊接方法有不同的焊接工艺。

3.2.1 焊条电弧焊

1. 焊条电弧焊的焊接过程

焊条电弧焊通常又称为手工电弧焊，它是利用手工操作的焊条电弧焊方法。焊条电弧焊焊接过程如图 3-3 所示。焊接时电源的一极接工件，另一极与焊条相接。工件和焊条之间的空间在外电场的作用下，产生电弧，焊接电弧的结构如图 3-4 所示。该电弧产生的弧柱温度达到 6000～7000℃，使工件接头处局部熔化，同时也使焊条端部不断熔化而滴入焊件接头空隙中，形成金属熔池。当焊条移开后，熔池金属很快冷却、凝固形成焊缝，使工件的两部分牢固地连接在一起。

焊条电弧焊具有灵活性好，操作方便，对焊前的装配要求低，可焊金属材料广泛等优点，是焊接生产中普遍采用的焊接方法。其不足的地方主要体现在人为因素影响大，生产效率低。

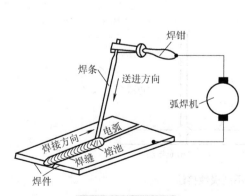

图 3-3 焊条电弧焊

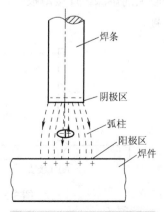

图 3-4 焊条电弧结构示意图

2. 焊条电弧焊的电源设备

焊条电弧焊的电源设备，一般包括交流电弧焊变压器、直流电弧焊发电动机，通常简称为交流弧焊机、直流弧焊机。

1) 交流弧焊机

交流弧焊机是一种特殊的降压变压器，它具有结构简单、噪音小、价格便宜、使用可靠、维护方便等优点，但电弧稳定性较差。BX1-330型弧焊机是目前应用较广的一种交流弧焊机，其外形如图 3-5 所示。交流弧焊机可将工业用的电压(220V 或 380V)降低至空载时的 60～70V，电弧燃烧时的 20～35V。它的电流调节要经过粗调和细调两个步骤。粗调是改变焊机一次接线板上的活动接线片，以改变二次线圈匝数来实现。细调是通过改变活动铁芯的位置来进行。

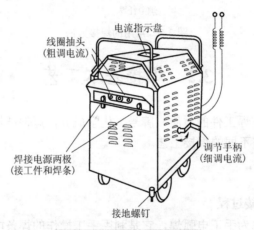

图 3-5　BX1-330 交流弧焊机

2) 直流弧焊机

直流弧焊机输出端有正、负极之分，并焊接时电弧两端极性不变，如图 3-6 所示。弧焊机正、负两极与焊条、焊件有两种不同的接线法：将焊件接到弧焊机正极，焊条接至负极，这种接法称正接，又称正极性；反之，将焊件接到负极，焊条接至正极，称为反接，又称反极性。焊接厚板时，一般采用直流正接，这是因为电弧正极的温度和热量比负极高，采用正接能获得较大的熔深。焊接薄板时，为了防止烧穿，常采用反接。但在使用碱性焊条，均采用直流反接。

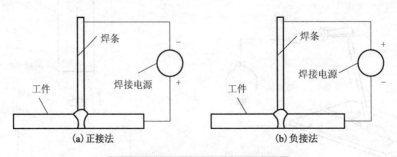

图 3-6　直流弧焊机的不同极性接法

3. 焊条电弧焊常用工量具

为了保证焊接过程的顺利进行，保障焊工的安全，在焊接时必须备有相应的各种工量具，如焊钳、地线夹、防护面罩、榔头等。如图 3-7 所示。

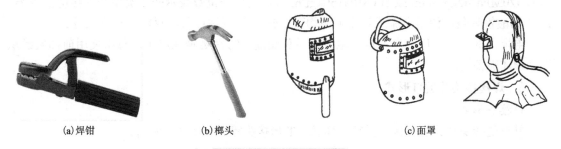

(a)焊钳　　　　　　　　(b)榔头　　　　　　　　(c)面罩

图 3-7 常用工量具、面罩

4. 电焊条的分类

1) 电焊条分类、组成和作用

手工电弧焊用焊条的种类很多。按我国统一的焊条牌号，共分为十大类：如结构钢焊条、不锈钢焊条、铸铁焊条、铜及铜合金焊条、特殊用途焊条等，其中应用最广的是结构钢焊条。

电焊条由焊条芯和药皮组成，如图 3-8 所示。焊条芯的作用不仅是作为电极导电，同时也是形成焊缝金属的主要材料，因此焊条芯的质量直接影响焊缝的性能，其材料都是特制的优质钢。焊接碳素结构钢的焊条芯一般是碳的质量分数低于 0.08% 的低碳钢，应用最普遍的有 H08 和 H08A。其碳的含量及硫、磷有害杂质都有极其严格的限制。常用的焊条直径(即焊条芯的直径)为 2～5mm，长度在 250～450mm。

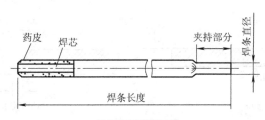

药皮　焊芯　　　　　　　　夹持部分　焊条直径

焊条长度

图 3-8 电焊条

药皮是压涂在焊条芯表面上的涂料层，焊接时形成熔渣及气体，药皮对焊接质量的好坏同样起着重要的作用。药皮的主要作用是：

(1)保持电弧稳定燃烧；以改善焊接工艺，保证焊接质量。

(2)对焊缝进行机械保护；药皮在焊接时产生大量的气体和熔渣，隔绝空气的有害影响，对焊缝金属起到保护。

(3)脱去焊缝金属的有害杂质(如氧、氢、硫、磷等)。

(4)向焊缝金属渗入有益的合金元素，以改善焊缝质量。

结构钢焊条按熔渣的性质不同，可把焊条分为酸性和碱性两类。如果熔渣中的酸性氧化物比碱性氧化物多，这种焊条就称为酸性焊条；反之，则称为碱性焊条。通常酸性焊条的焊接质量较碱性焊条的差。

2) 电焊条的牌号

常用酸性焊条牌号有 J422、J502 等，碱性焊条牌号有 J427、J506 等。牌号中的 "J" 表示结构钢焊条，牌号中三位数字的前两位 "42" 或 "50" 表示焊缝金属的抗拉强度等级，分别为 420MPa（42kgf/mm）或 500MPa（50kgf/mm）；最后一位数表示药皮类型和焊接电源种类，1～5 为酸性焊条，使用交流或直流电源均可，6～7 为碱性焊条，只能用直流电源。

电焊条的保管应保存在干燥的地方，避免受潮。特别是碱性焊条，每次使用前都要经烘干处理才能使用。

5. 焊接接头及坡口形式

1) 接头形式

常见的接头形式有对接、搭接、角接、T 形接头等，如图 3-9 所示。

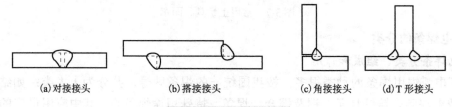

(a) 对接接头　　　(b) 搭接接头　　　(c) 角接接头　　(d) T 形接头

图 3-9　常见的接头形式

2) 坡口形式

在焊接时为确保焊件能焊透。当焊件厚度小于 6mm 时，通常在接头处留一定的间隙，就能保证焊透。但在焊接较厚的工件时，就需要在焊接前把焊件接头处加工成适当的坡口，以确保焊透。对接接头是应用最多的一种接头形式，这种接头常见的坡口形式有 "I" 形坡口、"Y" 形坡口、"V" 形坡口、双 "V" 形坡口、双 "Y" 形坡口、"U" 形坡口、双 "U" 形坡口等，如图 3-10 所示。

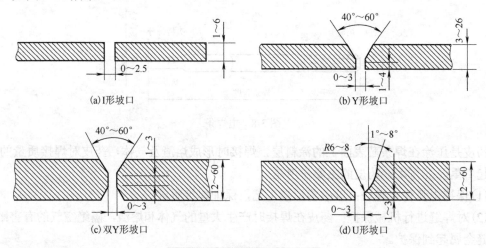

(a) I 形坡口　　　　　　　　　(b) Y 形坡口

(c) 双 Y 形坡口　　　　　　　(d) U 形坡口

图 3-10　对接接头的坡口形式

6. 焊接位置

依据焊缝在空间的位置不同，有平焊、立焊、横焊和仰焊四种，如图 3-11 所示。平焊易操作，生产率高，焊缝质量易保证，所以焊缝布置应尽可能放在平焊位置。立焊、横焊和仰焊时，由于重力作用，被熔化的金属要向下滴落而造成施焊困难，应尽量避免。

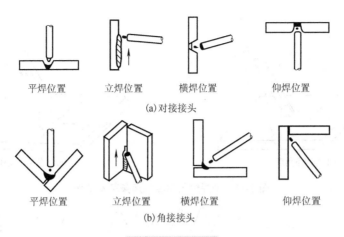

平焊位置　　立焊位置　　横焊位置　　仰焊位置

(a)对接接头

平焊位置　　立焊位置　　横焊位置　　　仰焊位置

(b)角接接头

图 3-11　焊接位置

7. 焊条电弧焊的基本操作方法

焊条电弧焊是在面罩下观察和进行操作的。由于视野不清，为了保证焊接质量，不仅要求操作者具有有较为熟练的操作技术，还应保持注意力集中。

1)引弧

引弧是指使焊条和焊件之间产生稳定的电弧。焊接前，应把工件接头两侧 20mm 范围内的表面清理干净(消除铁锈、油污、水分)，并使焊条芯的端部金属外露，以便进行短路引弧。引弧方法有敲击法和摩擦法两种，如图 3-12 所示。其中摩擦法比较容易掌握，适宜于初学者引弧操作。

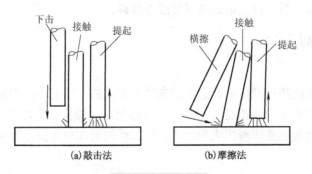

(a)敲击法　　　　　　　　(b)摩擦法

图 3-12　引弧方法

引弧时，应先接通电源，把电焊机调至所需的焊接电流。然后把焊条端部与工件接触短路，并立即提起到 2~4 mm 距离，就能使电弧引燃。如果焊条提起的高度超过 5 mm，电弧就会立即熄灭。如果焊条与工件接触时间太长，焊条就会黏牢在工件上。这时，可将焊条左右摆动，使之与工件脱离，然后重新进行引弧。

2)运条

引弧后，不仅要掌握好焊条与焊件之间的角度，如图 3-13(a)所示，而且要控制焊条同时完成图 3-13(b)中的三个基本动作。这三个基本动作是：①焊条向下送进运动；②焊条沿焊缝纵向移动；③焊条沿焊缝横向移动。常见的运条手法如图 3-14 所示。

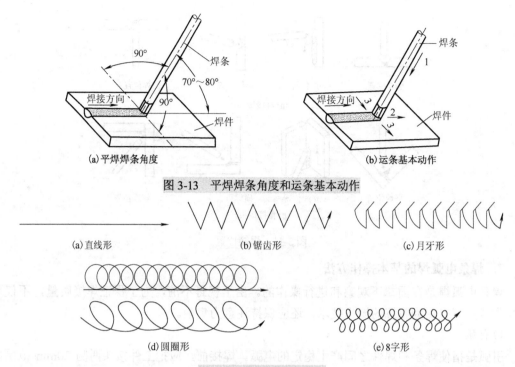

(a)平焊焊条角度　　　　　　　　　(b)运条基本动作

图 3-13　平焊焊条角度和运条基本动作

(a)直线形　　　　　　(b)锯齿形　　　　　　(c)月牙形

(d)圆圈形　　　　　　　　　　　(e)8字形

图 3-14　常见的运条手法

3) 焊缝收尾

焊缝收尾时,为了不出现尾坑,焊条应停止向前移动,而采用划圈收尾法或反复断弧法自下而上地慢慢拉断电弧,以保证焊缝尾部成形良好。

3.2.2　气焊与气割

1. 气焊

气焊是利用气体燃烧所产生的高温火焰来进行焊接的,其工作过程如图 3-15 所示。火焰一方面把工件接头的表层金属熔化,同时把金属焊丝熔入接头的空隙中,形成金属熔池。当焊炬向前移动,熔池金属随即凝固成为焊缝,使工件的两部分牢固地连接成为一体。

图 3-15　气焊示意图

气焊的温度比较低,热量分散,加热速度慢,生产率低,焊件变形较严重;但火焰易控制,操作简单,灵活,气焊设备不用电源,并便于某些工件的焊前预热。所以,气焊仍得到较广泛的应用。一般用于厚度在 3mm 以下的低碳钢薄板、管件、铸铁件以及铜、铝等有色金属的焊接。

气焊所用的设备如图 3-16 所示，它是由氧气瓶、乙炔瓶、减压器、回火保险器及焊炬等组成。

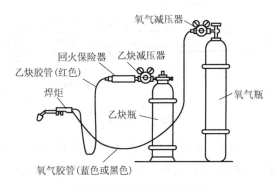

图 3-16　气焊设备及其连接

气焊基本操作要领：

点火时，先微开氧气阀门，再打开乙炔阀门，随后点燃火焰。然后，逐渐开大氧气阀门，并根据实际需要调整火焰的大小。灭火时，应先关乙炔阀门，后关氧气阀门，以防止火焰倒流和产生烟灰。当发生回火时，应迅速关闭氧气阀，然后再关乙炔阀。

2. 气割

1) 气割过程

氧气切割简称气割，是一种切割金属的常用方法，工作过程如图 3-17 所示。气割时，先把工件切割处的金属预热到它的燃烧点，然后以高速纯氧气流猛吹；这时，金属就发生剧烈氧化，所产生的热量把金属氧化物熔化成液体；同时，氧气气流又把氧化物的熔液吹走，工件就被切出了整齐的缺口；只要把割炬向前移动，就能把工件连续切开。

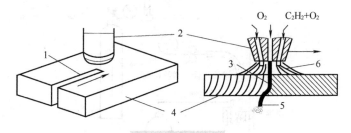

图 3-17　气割过程

1-割缝；2-割嘴；3-氧气流；4-工件；5-氧气物；6-预热火焰

金属的性质必须满足下列两个基本条件，才能进行气割。

(1) 金属的燃烧点应低于其熔点。

(2) 金属氧化物的熔点应低于金属的熔点。

纯铁、低碳钢、中碳钢和普通低合金钢都能满足上述条件，具有良好的气割性能。高碳钢、铸铁、不锈钢，以及铜、铝等有色金属都难以进行氧气切割。

2) 气割操作

如图 3-18 所示，工作时，先点燃预热火焰，使工件的切割边缘加热到金属的燃烧点，然后开启切割氧气阀门进行切割。

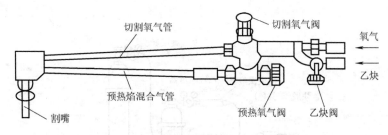

图 3-18　割炬

气割必须从工件的边缘开始。如果要在工件的中部挖割内腔，则应在开始气割处先钻一个大于 5mm 的孔，以便气割时排出氧化物，并使氧气流能吹到工件上。在批量生产时，气割工作可在气割机上进行。割炬能沿着一定的导轨自动作直线、圆弧和各种曲线运动，准确地切割出所要求的工件形状。

3.2.3　其他焊接工艺

1. 二氧化碳气体保护焊

二氧化碳气体保护焊是以 CO_2 作为保护气体的电弧焊。它是焊丝作电极，靠焊丝和焊件之间产生的电弧熔化工件与焊丝形成熔池，熔池凝固后成为焊缝。

二氧化碳气体保护焊的焊接装置如图 3-19 所示。它主要由焊接电源、焊炬、送丝机构、供气系统和控制电路等部分组成。焊丝由送丝机构送出，二氧化碳气体以一定压力和流量从焊炬喷嘴喷出。当引燃电弧后，焊丝末端、电弧及熔池均被二氧化碳气体所包围，以防止空气的侵入，从而对焊件起到保护作用。

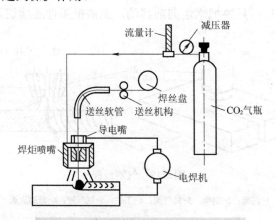

图 3-19　二氧化碳气体保护焊设备示意图

二氧化碳气体保护焊具有电弧的穿透能力强，熔深大，焊丝的熔化率高，生产率高等优点。二氧化碳气体来源广泛，价格低，能耗少，焊接成本低。缺点是由于二氧化碳高温时可分解为一氧化碳和原子氧，会造成合金元素烧损、焊缝吸氧，并导致电弧稳定性差、金属飞溅等问题。

2. 氩弧焊技术

氩弧焊是采用惰性气体——氩气，作为保护气体的一种电弧焊接方法。它是从专用的焊枪喷嘴中喷出氩气气流，保护电弧与空气隔绝，电弧和熔池在气流层的包围气氛中燃烧、熔化。通过填丝或者不填丝，把两块分离的金属牢固地连接在一起，形成永久性连接。氩弧焊电弧结构如图 3-20 所示。氩弧焊具有：焊缝质量高，焊接过程稳定，焊接应力和变形小，应用范围广等特点。

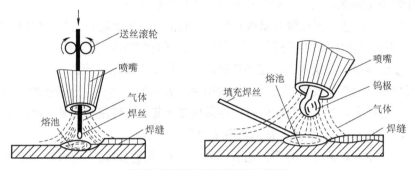

图 3-20　氩弧焊电弧的组成示意

氩弧焊的焊接方法包括熔化极氩弧焊和非熔化极氩弧焊。在非熔化极氩弧焊中，钨极氩弧焊具有代表性，按照操作方式可分为手工钨极氩弧焊和自动钨极氩弧焊；按照电流种类可分为直流、交流和脉冲钨极氩弧焊。手工钨极氩弧焊设备通常由焊接电源、焊接控制系统、焊枪、供气系统及供水系统等组成，如图 3-21 所示。

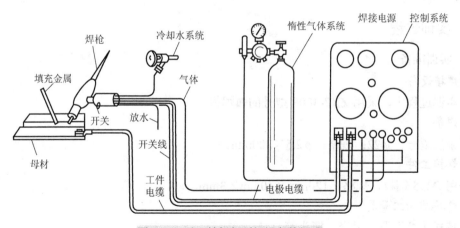

图 3-21　手工钨极氩弧焊设备的组成

3.3　焊　接　实　训

3.3.1　焊接教学基本要求

(1) 了解常见的焊接设备；

(2) 了解常见的运条方法；

(3) 熟悉敲击法引弧和摩擦法引弧的方法；

(4)熟悉焊条与工件黏接的处理方法;

(5)通过引弧、平板对焊的技能训练,提高操作技能。

3.3.2 实训安全及注意事项

(1)学习手工电弧焊的引弧及平板焊接,安全第一;严格遵守焊接实验室的安全操作规程,并且按照指导教师的要求及相应的实训步骤去完成实训内容。

(2)做好焊接前的准备工作,如佩戴手套、选出防护面罩等。

(3)在焊接时,尽量不要在没有佩戴防护面罩的情况下用眼睛直视焊接位置,以免被电弧灼伤眼睛;如果多次被电弧灼到眼睛,应暂停一段时间再进行相关实训。

(4)在焊接过程中,尽量控制好运条速度,避免焊条金属熔化流淌。

(5)对刚焊接完的焊条及焊接工件,请勿用手或者其他身体部位直接接触,以免烫伤。

(6)在引弧过程中,如果焊条和焊接工件黏接在一起,通过左右摇晃不能去下焊条时,应立即将焊钳与焊条分离,待焊条冷却后,取下焊条。

(7)引弧前,如果焊条底端有药皮包裹,可以用手(戴手套)适当地去除部分药皮,提高引弧效率。

3.3.3 实训内容

本次实训内容主要分为两个部分:

(1)手工电弧焊引弧的方法,包括敲击法引弧和摩擦法引弧;

(2)平板对焊。

3.3.4 实训过程

1. 实训准备

1)焊接设备

该实训过程中,采用 ZX7-400S 型号的弧焊机。

2)焊条

焊条的型号:J422;规格:$\phi 2.5 \times 300\text{mm}$。

3)焊接工件

采用 Q235 钢板,规格:$120\text{mm} \times 40\text{mm} \times 3\text{mm}$。

4)焊接辅助工量具

手持式防护面罩、手套、榔头等。

2. 实训主要操作方法

首先领取相应的辅助工量具,如防护面罩、手套、榔头等。其次,按照指导老师的要求开启相应设备,调整参数。最后,逐步完成实训内容。

1)摩擦法引弧

先将焊条的末端对准引弧堆,然后就采取划线一样的动作将焊条在引弧堆表面划擦一下,当电弧引燃后,立即提起焊钳或抬起手臂使焊条末端与焊接工件表面保持 2~3mm 的高度,这时,电弧就能稳定地燃烧。

2)敲击法引弧

将焊条末端对准引弧堆，然后通过手臂、手腕控制焊条力度适当的撞击焊接工件，当出现弧光后，迅速提起焊条，并保持焊条末端与焊接工件表面保持 2～3mm 的高度，这时，电弧能够稳定地燃烧。

在引弧的操作练习中，尽量掌握好手臂、手腕的动作，需要多加练习，从实践中来感知操作要领。

3)平板对焊

在完成引弧方法之后，进一步完成平板对焊。两块待焊工件放置在工作台面上，A 为上表面，B 为下表面，如图 3-22 所示。

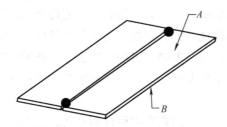

图 3-22　两块钢板的位置示意图

主要操作方法如下：

(1)将两块钢板拼接在一起，并保持 1～2mm 的间距。

(2)在 A 面焊缝的两端进行点焊。

(3)按照熟悉的运条方法完成 B 面焊缝的焊接，待冷却后去掉焊渣。

(4)翻转后，完成 A 面焊缝的焊接，待冷却后去掉焊渣。

本次实训内容完成之后，请将焊接成品交给指导老师审查、评分。同时，关闭焊接设备的电源，清点工具、清理工作台面，经指导老师同意后方可离开。

第4章 铁艺制作

4.1 铁艺制作概述

铁艺有着悠久的历史,铁艺作为建筑装饰艺术,出现在17世纪初期的巴洛克建筑风格盛行时期,一直伴随着欧洲建筑装饰艺术而发展,传统的欧洲工匠手工工艺制品,有着古朴、典雅、粗犷的艺术风格和辉煌历史,令人叹为观止,流传至今。最早的铁制品产生于公元前2500年左右,小亚细亚的赫梯地区的人类加工出了各种各样的铁制品,如铁锅、菜刀、剪子、钉子、刀剑、长矛等,这些铁制品准确地说应该叫铁器。随着岁月的流逝,科技的发展,铁制品从实用性向装饰性、艺术性发展,铁制品革命的推动者是艺术家,正是由于艺术家的参与,才使铁制品获得了生命力。

铁艺是用钢铁及其他材料制作的具有实用性和观赏价值的产品的统称,被称为铁与火的艺术。铁艺制品既有很强的实用性又有极强的艺术性,它以独特的魅力和环保安全性日益被人们接受和喜爱。

1. 铁艺制品的种类

1) 按铁艺材料及加工方法分类

(1) 扁铁铁艺:以扁铁为主要材料,冷弯曲为主要工艺,手工操作或用手动机具操作,端头修饰很少。

(2) 铸造铁艺:以灰口铸铁为主要材料,铸造为主要工艺,花型多样,装饰性强。

(3) 锻造铁艺:以低碳钢型材为主要原材料,以表面扎花、机械弯曲、模锻为主要工艺,以手工锻造辅助加工。

(4) 铁丝铁艺:以铁丝为主要原材料,以手工弯曲成形为主要工艺,以焊接为辅助加工,种类多,艺术性强。

2) 按铁艺的用途分类

(1) 工程类:建筑大门、围栏,楼梯和扶手等各种建筑工程配套设施,如图4-1所示。

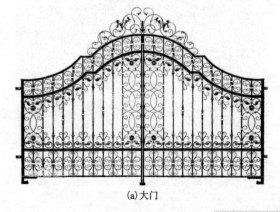
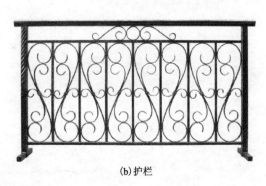

(a) 大门　　　　　　　　　　　　　　　　　　(b) 护栏

图4-1　工程类铁艺制品

（2）家具类：各类桌椅、床、柜、灯具等，并与木、石、玻璃、竹藤等相结合，如图 4-2 所示。

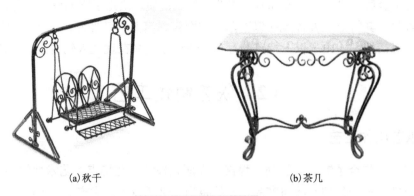

(a)秋千　　　　　　　　　　　　　(b)茶几

图 4-2　家具类铁艺制品

（3）观赏工艺类：如屏风、壁画、各种飞鸟、鱼、虫、动物造型等艺术品，如图 4-3 所示。

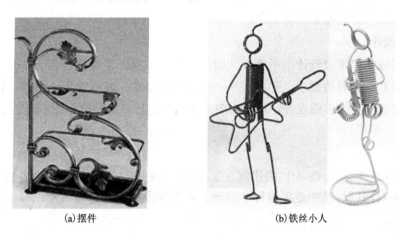

(a)摆件　　　　　　　　　　　　　(b)铁丝小人

图 4-3　观赏工艺类铁艺制品

（4）配件类：各种铁艺毛坯材料，半成品及配件，如压花的材料、花叶、矛头、接头、标准弧、起头柱、安装配件等，如图 4-4 所示。

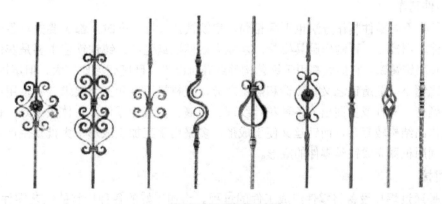

图 4-4　各种铁艺配件

2. 铁艺制品的特点

铁艺由于金属自身材料性质和制作工艺的特殊品质，决定了它的厚重、古朴、刚柔并重，令人赏心悦目。其特点主要体现在以下四个方面：强度高、韧性好；工艺适应性强；制品种类多；生产灵活性大。由于以上特点的存在，使铁艺制品在现代人们得生活中被广泛应用。

4.2　铁艺制作工艺

4.2.1　铁艺制作工艺

铁艺是一种综合了锻造、轧制、焊接、表面处理等工艺特点的艺术性的制作技术。大部分铁艺制品即是安全保护及防盗产品，又是装饰美化环境的艺术产品。因此，在制作过程中，一方面要体现产品的美观及艺术性，另一方面又要注重产品的牢固、耐用性。从原料到产品的制作过程称之为工艺流程，铁艺制作工艺一般包括：图形设计、放样、下料、制作、拼接、整形、打磨以及表面处理等八道工序。

1. 图形设计

根据市场或客户需求设计出所需铁艺制品的图形，深入了解此铁艺制品的大环境格调要求、产品使用功能、材质要求、形状要求、结构强度要求、表面效果要求等，设计人员要从各种综合因素统筹安排构图设计，设计构图方案确定之后，先手绘草图，确定无误后再出 3D 效果图或 CAD 图纸。

2. 放样

将设计好的产品图形按 1:1 的比例在工作台上绘制出大样，并根据材料的性质和工艺要求等技术经验对图纸线条的走向进行小改动。在放样图上测量材料尺寸，写出用料清单，为下料提供依据。

3. 下料

根据放出的产品大样的尺寸进行下料。一般棒料常用的下料方法有剪切、锯切、冷折、砂轮切割、气割、车削等；板材的下料方法有剪切、冲压、等离子切割等。

4. 零件制作

铁艺种类不同零件制作方法也不尽相同，扁铁铁艺大批生产时，都需要先对各个零部件制作标准件，调校后，再制作胎具模具，才能大规模批量生产；铸铁铁艺主要是灰口铸铁、球墨铸铁和玛钢铸铁，它们大都用于铁艺构件或花饰配件，硬度强度比钢大，但塑性、韧性、抗疲劳性比钢小；锻造铁艺又有冷锻和热锻之分，视材料厚度和工艺要求分别使用电动空气锤或手锤砸制，锻打或扭曲出的各种花叶纹理、枝蔓、曲线等零件，立体效果好；铁丝铁艺由于一般作品结构较复杂，而铁丝又便于成形，多采用手工加工成形，大批量生产时也可以设计模具利用机器完成铁丝零件的成形。

5. 拼接

拼接是通过焊接设备将零件组成工件的过程。将加工好的各种形状的铁艺零件，按 1:1 的大样进行拼接。拼接常用的方法有手工电弧焊、二氧化碳气体保护焊、电阻点焊等。手工电弧焊和气体保护焊在第三章有详细的介绍，本章主要介绍电阻点焊机。

6. 整形

将拼接好的产品进行整体调平、校直，使之达到设计需要的整体效果。

7. 打磨

将整形好的产品进行打磨、抛光。对焊缝焊疤、表面铁锈及表面毛刺进行打磨处理，对粗糙的表面进行抛光处理。

8. 表面处理

常用表面处理有镀锌、喷吐、彩绘等。一般产品拼接完以后，需先进行酸洗除油、除锈、除杂物等，然后进行镀锌和整形。喷涂处理常放在打磨抛光之后，一般采用静电喷涂使零件表面形成均匀的涂膜。彩绘一般采用手工涂描的方法，根据设计的需要做成各种工艺色彩。最后涂清漆，使产品及油漆和空气中的水、氧气等致锈物质隔绝。

4.2.2 铁艺制作实例

以图 4-5 所示铁艺产品为例介绍铁艺制作工艺。

(1)放样：根据图 4-5 所设计图案及尺寸，按 1:1 的比例在工作台上绘制出大样。

(2)下料：按图 4-6 所示的零件花形的大样实际尺寸下料；边框和骨架按大样实际尺寸下料。一般边框和骨架的花形可以直接选配件，也可以根据需要在专用设备上加工不同风格的花形，如辊压机、压花机、扭花机等。

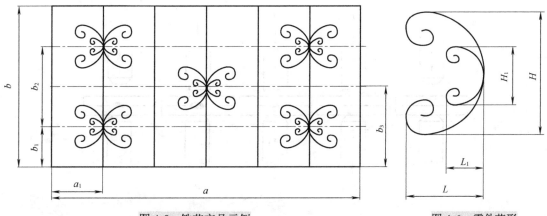

图 4-5　铁艺产品示例　　　　　　　图 4-6　零件花形

(3)制作：一般的铁艺制品都是由几种花形组合而成的。在制作时先做出各种花形的样件，和设计图形对比合适后再按所需数量加工。在本例中，先按图 4-6 所示作一组零件花，经锻打、调平、校直后弯制成图示弧形和造型，然后以此为例做出其他四个零件花。

(4)拼接：将制作好的零件花和下好的边框、骨架棒料按图示尺寸进行焊接。

(5)表面处理：将焊接好的产品进行整形、打磨后，再根据设计的需要进行表面处理。

4.2.3 电阻点焊

1. 点焊原理

点焊是一种高速、经济的连接方法。它适于制造可以采用搭接、接头不要求气密性、厚度小于 3mm 的构件，是把焊件在接头处接触面上的某点焊接起来。点焊要求金属要有较好的塑性，图 4-7 所示为最简单的应用点焊的例子。

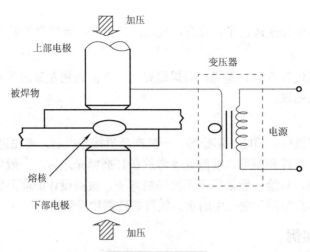

图 4-7　最简单点焊

焊接时,先把焊件表面清理干净,再把被焊的板料搭接装配好,压在两柱状铜电极之间,施加压力 P 压紧,如图 4-8 所示。当通过足够大的电流时,在板的接触处产生大量的电阻热,将中心最热区域的金属很快加热至高塑性或熔化状态,形成一个透镜形的液态熔池。继续保持压力 P,断开电流,金属冷却后,形成了一个焊点。

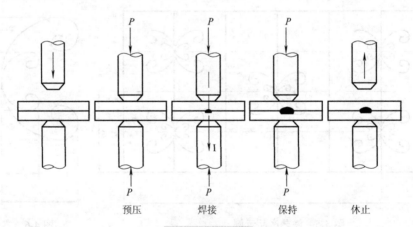

图 4-8　点焊过程

图 4-9 所示,是一台实习用的点焊机,型号为 DN-16,输入电压为 380V,额定功率 16kW,焊接厚度 3+3mm。

2. 点焊机使用方法

(1)焊接时应先调节电极杆的位置,使电极刚好压到焊件时,两电极臂保持互相平行。

(2)电流调节开关级数的选择可按焊件厚度与材质而选定。通电后电源指示灯应亮,电极压力大小可通过调整弹簧压力螺母,改变其压缩程度而获得。

(3)在完成上述调整后,可先接通冷却水后再接通电源准备焊接。焊接过程的程序:焊件置于两电极之间,踩下脚踏板,并使上电极与焊件接触并加压,在继续压下脚踏板时,电源触头开关接通,于是变压器开始工作次级回路通电使焊件加热。当焊接一定时间后松开脚踏板使电极上升,借助弹簧的拉力先切断电源而后恢复原状,单点焊接过程即告结束。

图 4-9　点焊机

（4）焊件准备及装配：钢焊件焊前须清除一切脏物、油污、氧化皮及铁锈，对热轧钢，最好把焊接位置先经过酸洗、喷砂或用砂轮清除氧化皮。未经清理的焊件虽能进行点焊，但是严重地降低电极的使用寿命，同时降低点焊的生产效率和质量。对于有薄镀层的中低碳钢可以直接施焊。

4.2.4　铁艺制品质量的基本要求

（1）制作尺寸与图纸尺寸，根据不同产品的特点允许有正负千分之一的偏差。

（2）花形比例要协调，排列间距要均匀合理。

（3）焊接要美观、牢固，焊缝要平正，不能有假焊。

（4）产品表面需打磨光滑，不得有毛刺。

（5）产品整体要保证平、直、正、顺，弧形光滑圆顺，花形自然流畅。

（6）在批量生产时，必须先做样板，经确认后方可批量生产。

4.3　铁 艺 实 训

4.3.1　铁艺教学基本要求

（1）了解铁艺制品的种类、特点及应用范围；

（2）熟悉铁艺制作的工艺：图形设计、放样、下料、制作、拼接、整形等；

(3)学习一般铁花的制作方法;

(4)熟悉铁艺安全操作规程。

4.3.2　点焊机安全操作规程

1. 焊接前准备

(1)工作前必须清除上、下两电极的油渍及污物。通电检查电气设备、操作机构、冷却系统、气路系统及机体外壳有无漏电。

(2)室内温度不应低于15℃。

(3)起动前,先接通控制线路转换开关和焊接电流小开关,安插好极数调节开关的闸刀位置,接通水源、气源,控制箱上各调节旋钮。电极触头保持光洁。

(4)利用气动踏板控制的点焊机,应检查管道无漏气和杂质阻塞。

2. 焊接中注意事项

(1)焊机工作时,气路、水冷却系统畅通。气体不应含有水分,排水温度不超过 40℃,流量按规定调节。

(2)轴承铰链和气缸的活塞、衬环应定期润滑。

(3)上电极的工作行程调节螺母(气缸体下面)必须拧紧。电极压力可根据焊接规范的要求,通过旋转减压阀手柄来调节。

(4)严禁在引燃电路中加大熔断器,以防引燃管和硅整流器损坏。当负载过小,引燃管内电弧不能发生时,严禁闭合控制箱的引燃电路。

3. 焊接完后注意事项

(1)焊机停止工作,应先切断电源、气源,最后关闭水源,清除杂物和焊渣溅末。

(2)焊机长期停用,应在不涂漆的活动部位涂上防锈油脂。每月通电加热 30min。更换闸流管亦应预热 30min,正常工作控制箱的预热不少于 5min。

4.3.3　铁艺教学内容

(1)铁艺制品的种类、特点及应用范围的介绍;

(2)铁艺制品制作工序:图形设计、放料、下料、制作、拼接、整形、打磨、表面处理的介绍与示范讲解;

(3)常见花形的设计方法介绍以及不同花形的拼接方法示范;

(4)点焊机的焊接参数调整及点焊机操作方法示范;

(5)学生分组进行一般花形设计与制作;

(6)清扫场地,成绩评定。

第二篇 传统切削加工

第5章 切削加工基础知识

5.1 概 述

零件加工一般经过两个阶段，一是毛坯加工，二是切削加工。前几章中提到的铸造、焊接及锻造都是毛坯加工的主要加工方法，经毛坯加工所得工件很少能直接使用，一般还需进行切削加工，它能保证产品质量和性能，还能降低产品生产成本。切削加工是利用切削刀具(或工具)和工件做相对运动从毛坯(铸件、锻件、型材等)上切除多余的材料，以获得尺寸精度、形状和位置精度、表面质量完全符合图样要求的机器零件的加工方法。

切削加工分为钳工和机械加工(简称机工)两大部分。

钳工是通过工人手持工具对工件进行切削加工，主要加工内容有划线、锯切、锉削、钻孔、扩孔、铰孔、攻螺纹、套螺纹、机械装配与维修等。钳工使用工具简单，操作方便，能完成机械加工不便完成的工作，是机械制造业不可缺少的重要工种。

在机械制造过程中钳工仍是广泛应用的基本技术，其原因是：划线、刮削、研磨和机械装配等钳工作业，至今尚无适当的机械化设备可以全部代替；某些最精密的样板、模具、量具和配合表面(如导轨面和轴瓦等)，仍需要依靠工人的手艺做精密加工；在单件小批生产、修配工作或缺乏设备条件的情况下，采用钳工制造某些零件仍是一种经济实用的方法。

机械加工是由工人操作机床对工件切削加工，其主要的加工方式有车削、铣削、刨削、磨削、钻削等，所用切削机床分别为车床、铣床、刨床、磨床、钻床等。

5.1.1 切削运动

在金属切削加工时，为了切除工件上多余的材料，形成工件要求的合格表面，刀具和工件间须完成一定的相对运动，即切削运动。切削运动是形成工件表面最基本的运动，常见加工方式的切削运动如图5-1所示。切削运动按其所起的作用不同，可分为主运动和进给运动。

1. 主运动

在切削加工中起主要的、速度高、消耗动力最多的运动为主运动。它是切除工件上多余金属层所必需的运动。主运动是提供切削可能性的运动。机床的主运动一般只有一个，它可以由工件完成，也可以由刀具完成。它可以是旋转运动，也可以是往复直线运动，例如车削的主运动是工件的旋转运动；铣削的主运动是铣刀的旋转运动；刨削的主运动是刨刀的往复直线运动等；钻削的主运动是钻头的旋转运动。

2. 进给运动

在切削加工中为使金属层不断投入切削，保持切削连续进行而附加的刀具与工件之间的相对运动称为进给运动。进给运动是提供继续切削可能性的运动。进给运动可以是一个或多个。如车床车削时进给运动有刀具的纵向进给运动、横向进给运动、车螺纹进给运动；牛头刨床刨削时工件的间歇移动；磨削外圆时工件的旋转和往复轴向移动及砂轮周期性横向移动都是进给运动。

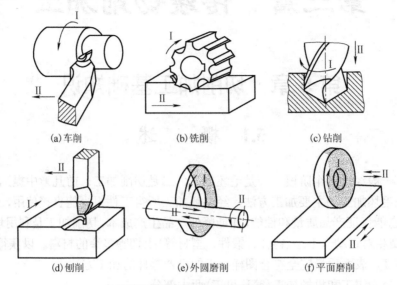

(a) 车削　　　　　　　(b) 铣削　　　　　　　(c) 钻削

(d) 刨削　　　　　　　(e) 外圆磨削　　　　　　(f) 平面磨削

图 5-1　常见加工方式的切削运动

Ⅰ-主运动；Ⅱ-进给运动

主运动和进给运动可以由刀具单独完成(如钻床上钻孔)，也可以由刀具和工件分别完成(如铣削、车床上钻孔)。主运动和进给运动可以同时进行(如车削、铣削、钻削、磨削)，也可交替进行(如刨削)。

3. 切削用量

1) 工件表面

切削加工过程中，工件上存在三个不断变化的表面。

(1) 待加工表面：工件上待切除表面；

(2) 已加工表面：工件上切削后产生的新表面；

(3) 过渡表面(切削表面)：工件上正被切削刃切削的表面，它处于待加工与已加工表面之间。

2) 切削用量

任何切削加工都必须根据不同的工件材料、加工性质和刀具材料来选择合适的主运动速度 v_c、进给量 v_f 及背吃刀量 a_p，它们合称切削三要素。它们是调整机床、制定工艺路线及计算切削力、切削功率和工时定额的重要参数。

(1) 切削速度——刀具切削刃上选定点相对工件主运动的瞬时线速度称为切削速度，用 v_c 表示，单位为 m/s 或 m/min。

(2) 进给量——在单位时间内，刀具在进给方向上相对工件的位移量，称为进给速度，用来表示进给运动的大小，用 v_f 表示，单位为 mm/s 或 mm/min。在实际生产中，常用每转进给量来表示，即工件或刀具每转一周，刀具在进给方向上相对工件的位移量，简称为进给量，也称走刀量，用 f 表示，单位为 mm/r。

(3) 切削深度(背吃刀量)——工件已加工表面和待加工表面之间的垂直距离，称为切削深度，又称背吃刀量，用 α_p 表示，单位为 mm。例如车削时，当刀具不能一次吃刀就切掉工件上的金属层时，需由操作者在一次进给后再沿半径方向完成吃刀运动，称每次吃刀的量为背吃刀量。

切削用量三要素是影响加工质量、刀具磨损、生产率及生产成本的重要参数。粗加工时，一般以提高生产率为主，兼顾加工成本，可选用较大的背吃刀量和进给量，但切削速度受机床功率和刀具耐用度等因素的限制不宜过高。半精加工和精加工时，在保证加工质量的前提下，考虑经济性，可选较小的背吃刀量和进给量，一般情况选较高的切削速度。在切削加工时可参考切削加工手册及有关工艺文件来选择切削用量。

5.1.2 金属切削机床

由于切削加工仍是机械制造过程中获取具有一定尺寸、形状和精度的零件的主要加工方法，所以机床是机械制造系统中最重要的组成部分，它为加工过程提供刀具与工件之间的相对位置和相对运动，为改变工件形状、质量提供能量。

金属切削机床是用切削的方法将金属毛坯(或半成品)加工成零件的机器，也能制造机床自身，所以把切削机床称为"母机"。切削机床是加工零件的主要设备，承担的工作量占机器总制造工作量的 40%～60%，机床的技术水平直接影响机械制造工业的产品质量和劳动生产率。一个国家机床工业的技术水平、机床拥有量及现代化程度是衡量国家工业生产能力和技术水平的重要标志之一。

1. 机床的分类

目前金属切削机床的品种和规格繁多，为便于区别、使用和管理，需对机床进行分类。机床的分类方法，主要是按加工性质和所用的刀具进行分类。根据国家制定的机床型号编制方法，目前将机床共分为 12 大类：车床、钻床、镗床、磨床、齿轮加工机床、螺纹加工机床、铣床、刨插床、拉床、特种加工机床、锯床及其他机床，其代号见表 5-1。

表 5-1 机床的分类

类别	车床	钻床	镗床	磨		床	齿轮加工机床	螺纹加工	刨插床	铣床	拉床	锯床	其他机床
代号	C	Z	T	M	2M	3M	Y	S	B	X	L	G	Q
读音	车	钻	镗	磨	二磨	三磨	牙	丝	刨	铣	拉	锯	其

2. 其他分类法

除了上述基本分类法外，还可按机床的其他特征分类。

(1)按应用范围(通用性程度)分为通用机床、专门化机床、专用机床三类。

(2)按加工精度的不同，可分为相对精度等级和绝对精度等级两类。大部分车床、磨床和齿轮加工机床有 3 个相对精度等级，在机床型号中用汉语拼音字母 P(普通精度级，在型号中可省略)、M(精密级)、G(高精度级)表示。有些用于高精度精密加工的机床，要求加工精度等级很高，即使是普通精度级产品，其绝对精度级也超过 IV 级，这些机床通常称为高精度精密机床，如坐标镗床、坐标磨床、螺纹磨床等。

(3)按自动化程度分为手动机床、机动机床、半自动机床和自动机床。

(4)按机床重量分为仪表机床、中小型机床、大型机床(10～30t)、重型机床(30～100t)和超重型机床(100t 以上)。

(5)自动控制类机床按其控制方式分为仿形机床、数控机床、加工中心等，在机床型号中分别用汉语拼音字母 F、K、H 表示。

(6)按主要部件的数目分为单轴、多轴、单刀、多刀机床等。

(7)按机床的结构布局形式可分为立式、卧式、龙门式等。

3. 机床设备的保养与维护

机床设备的使用情况直接影响着企业的生产效率和经济效益，而设备的保养、维护及管理方式又直接决定着设备的使用，可见设备的保养、维护和管理是十分重要的。

设备的保养和维护，除了要根据机床使用说明书的要求，进行每日例行保养、擦净机床的表面、检查储油器和根据操作手册规定添加油外，还要定期进行一些检查和检修，冷却液应该每 6 个月更换 1 次，排出的冷却液应妥善处理，传动润滑油要每年更换 1 次。另外，还应制定和健全机床设备的保养和维护规章制度，建立完善的维修档案，坚持设备运行中的巡回检查，把设备的保养和维护纳入整体质量体系的管理之中。

此外，还应积极做好机床设备的预防性维修。所谓预防性维修，就是要把有可能造成设备故障和出了故障后难以解决的因素排除在故障发生之前。正确使用设备是减少设备故障，延长设备使用寿命的关键，它在预防性维修中占很重要的地位。有资料表明，机床设备故障有 1/3 是人为造成的，而且一般性维护(如注油、清洗、检查等)是由操作者进行的。因此，可以采取以下措施扭转这种局面：强调设备管理、使用和维护意识，加强业务、技术培训，提高操作人员素质，使他们尽快掌握机床性能，严格执行设备操作规程和维护保养规程，保证设备运行在合理的工作状态之中。

5.1.3　金属切削刀具

1. 金属切削刀具的结构及分类

金属切削刀具一般由切削部分和夹持部分组成。夹持部分是用来将刀具夹持在机床上的部分，切削部分是刀具上直接参与切削的部分。切削刀具的种类很多，结构也多种多样，但它们切削部分的结构要素及其几何形状都具有许多共同的特征。车刀是最典型的单刃刀具，图 5-2 所示为最常用的外圆车刀，它由夹持部分(刀柄)和切削部分(刀头)两大部分组成。夹持部分一般为矩形，切削部分的结构要素包括三个切削刀面、两条切削刃和一个刀尖。

前刀面——切屑流过的表面，也是车刀的上刀面。

主后刀面——与工件上加工表面相对并且相互作用的表面。

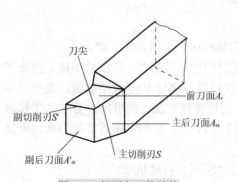

图 5-2　外圆车刀的结构

副后刀面——与工件上已加工表面相对并且相互作用的表面。

主切削刃——前刀面与主后刀面的交线称为主切削刃。担负着主要的切削任务。

副切削刃——前刀面与副后刀面的交线称为副切削刃。仅在靠刀尖处担负少量的切削任务，并起一定的修光作用。

刀尖——主切削刃与副切削刃的交点称为刀尖。为增加刀尖强度，刀尖实际是一小段曲线或直线，称修圆刀尖和倒角刀尖。

在机械加工中，常用的金属切削刀具有车刀、铣刀、刨刀、孔加工刀具(中心钻、麻花钻、扩孔钻、铰刀等)、磨削刀具等。在大批量生产和加工特殊形状零件时，还经常采用专用刀具、组合刀具和特殊刀具。在加工过程中，为了保证零件的加工质量、提高生产率和经济效益，需要恰当合理地选用相应的各种类型刀具。

2. 常用刀具材料的种类、性能及应用

目前常用刀具材料有碳素工具钢、合金工具钢、高速钢、硬质合金、陶瓷、立方碳化硼以及金刚石等。

碳素工具钢及合金工具钢，因耐热性较差，通常只用于手工工具及切削速度较低的刀具，陶瓷、金刚石和立方氮化硼仅用于有限的场合。目前，刀具材料中用得最多的是高速钢和硬质合金。

高速钢是含有较多钨、钼、铬、钒等合金元素的高合金工具钢，它允许的切削速度比碳素工具钢($T10A$、$T12A$)及合金工具钢($9SiCr$)高 $1\sim3$ 倍，故称为高速钢。高速钢具有较高的硬度和耐热性，在切削温度达 $550\sim600℃$ 时，仍能进行切削，适于制造中、低速切削的各种刀具。

硬质合金是用高硬度、难熔的金属碳化物(WC、TiC、TaC、NbC 等)和金属黏结剂(Co、Ni 等)在高温条件下烧结而成的粉末冶金制品。硬质合金刀具寿命比高速钢刀具高几倍到几十倍，可加工包括淬硬钢在内的多种材料。但硬质合金的强度和韧性比高速钢差，承受切削振动和冲击的能力较差。硬质合金是最常用的刀具材料之一，常用于制造车刀和面铣刀，也可用硬质合金制造深孔钻、铰刀、拉刀和滚刀。

刀具陶瓷的硬度可达到 $90\sim95HRA$，耐磨性好，耐热温度可达 $1200\sim1450℃$(此时硬度为 $80HRA$)，它的化学稳定性好，抗黏结能力强，但它的抗弯强度很低，仅有 $0.7\sim0.9GPa$，故陶瓷刀具一般用于高硬度材料的精加工。

人造金刚石，它是碳的同素异形体，是通过合金触媒的作用在高温高压下由石墨转化而成。人造金刚石的硬度很高，是除天然金刚石之外最硬的物资，它的耐磨性极好，与金属的摩擦系数很小；它与铁族金属亲和力大，故人造金刚石多用于对有色金属及非金属材料的超精加工以及作磨具磨料用。

5.2　零件的技术要求

切削加工零件的技术要求一般包括加工精度、表面质量、零件的材料及热处理和表面处理等。加工精度是指零件经加工后，其尺寸、形状等实际参数与其理论参数相符合的程度。相符合的程度越高，偏差(加工误差)越小，加工精度越高。加工精度包括尺寸精度、形状精度和位置精度。表面质量是指零件已加工后的表面粗糙度、表面层加工硬化的程度和残余应力的性质及其大小。表面质量对零件的使用性能有很大的影响，一般零件表面都有粗糙度的要求。

尺寸精度是指加工后零件的实际尺寸与零件理想尺寸相符合程度。尺寸精度分为 20 个等级，分别以 IT01、IT0、IT1、IT2…IT18 表示。其中 IT 表示标准公差，其后数字表示公差等级，数字越大，精度越低。IT10~IT13 用于配合尺寸，其余用于非配合尺寸。尺寸精度的高低是由尺寸公差(简称公差)控制，同一基本尺寸的零件，公差值小的精度高，公差值大的精度低。

形状精度是指零件上的被测要素(线和面)相对于理想形状的准确度。形状精度主要与机床本身的精度有关,如车床主轴在高速旋转时,旋转轴线有跳动就会使工件产生圆度误差;又如车床纵、横拖板导轨不直或磨损,则会造成圆柱度和直线度误差。因此,对于形状精度要求高的零件,一定要在高精度的机床上加工。当然操作方法不当也会影响形状精度,如在车外圆时用锉刀或砂布修饰外表面后,容易使圆度或圆柱度变差。

位置精度是指零件上被测要素(线和面)相对于基准之间的位置准确度。它由位置公差来控制。位置精度主要与工件装夹、加工顺序安排及操作人员技术水平有关。如车外圆时多次装夹可能造成被加工外圆表面之间的同轴度误差值增大。

表面粗糙是指零件表面微观不平度的大小。主要是在零件的切削加工过程中,刀具在零件表面留下的加工痕迹以及由于刀具和工件的振动或摩擦等原因,会使工件已加工表面产生微小的峰谷。零件的材质、加工工艺方法和使用的刀具不同,造成的峰谷的高低和间距的宽窄也不同。表面粗糙度是评定零件表面质量的一项重要指标,它对零件的配合、耐磨性、抗腐蚀性、密封性和外观均有影响。表面粗糙度常用微观不平度的平均算术偏差 Ra 和轮廓最大 Rz 来测量。目前,在生产中零件表面粗糙度的评定参数是轮廓算术平均偏差。

5.3　测量技术基础

测量技术作为一门基础性学科,根据它应用领域的不同所涉及的测量仪器、测量方法及评判标准均不同。在工程训练实习过程中,已经接触到了各种机械加工,在机械零件的加工、装配和成品试验中,现场技术测量和最终检测始终贯穿在各类零部件及整机的全过程。测量技术和手段,便是对各种产品,从毛坯直至整机生产过程的界定者,更是对这些产品品质优劣的终极审定者。

5.3.1　测量的定义及测量四要素

判断一件产品是否满足设计的几何精度要求,有以下几种判断方式:测量、测试、检验和计量等。

测量是指通过实验获得并可合理赋予某一几何量一个或多个量值的过程。在这一个过程中,将被测对象与体现计量单位的标准量进行比较。任何几何量的量值都由表征几何量的数值和该几何量的计量单位两部分组成,例如,5.34m 或 5340mm。进行任何测量时,首先要明确被测对象和确定计量单位,其次选择与被测对象相适应的测量方法,最终测量结果还要达到所要求的测量精度。

测试是指具有试验研究性质的测量,可理解为试验和测量的全过程。

检验是判断被测物理量(参数)是否合格(在极限范围内)的过程。通常不能测出被测对象的具体数值,比如,用螺纹量规检验螺纹公差。

计量是实现单位统一、量值准确可靠的活动。测量有时也称计量。

任何测量过程都包含测量对象、测量单位、测量方法和测量误差四要素。

1. 测量对象

在机械制造中,测量对象主要是几何量,包括长度、角度、表面粗糙度、形状和位置误差以及螺纹、齿轮的几何参数等。

2. 测量单位

测量单位也称计量单位，是根据约定定义和采用的标量，任何其他同类量可与其比较使两个量之比用一个数表示，简称单位。我国的计量单位一律采用《中华人民共和国法定计量单位》，几何量中长度的基本单位为米(m)，几何量中平面角的角度单位为弧度(rad)，立体角为球面度(sr)。

3. 测量方法

测量方法是对测量过程中使用的操作所给出的逻辑性安排的一般性描述。测量方法的分类有很多，根据获得测量结果的方式从不同角度来分类如下：

按是否直接测量被测参数分为直接测量与间接测量；按量具量仪的读数值是否直接表示被测尺寸的数值分为绝对测量与相对测量；按一次测量参数的多少分为单项测量与综合测量；按被测表面与量具量仪的测量头是否接触分为接触式测量与非接触式测量；按测量结果对工艺过程所起的作用分为被动测量和主动测量；按被测零件在测量过程中所处的状态分类分为动态测量与静态测量等。

4. 测量误差

零件的制造误差包括加工误差和测量误差。

所谓的测量误差是指测得量值与参考量值的差。由于计量器具和测量条件的限制，测量误差始终存在，测得的实际尺寸不是真值，即使对同一零件同一部位进行多次测量，其结果也会产生变动。测量误差可用绝对误差和相对误差来表示。绝对误差是测量结果减去被测量的真值，常称为测量误差或误差。相对误差是指用测量误差(取绝对值)除以被测量的真值。实际应用中真值往往是不知道的，所以用测量误差的绝对值与实测值相比来表示相对误差。

实际测量中，产生测量误差的因素主要有四类：测量方法的误差、计量器具的误差、测量环境误差和主观误差。

测量误差可以分为系统误差、随机误差和粗大误差三类。系统误差是指在相同条件下，多次测取同一量值时，绝对值和符号均保持不变，或者绝度值和符号按某一规律变化的测量误差。前者称定制系统误差，后者称为变值系统误差。随机误差是指在同样条件下，多次测取同一量值时，绝对值和符号以不可确定的方式变化着的测量误差。粗大误差是指超出规定测量条件下预计的测量误差。这种误差是由于测量者粗心大意造成不正确的测量、读数、记录及计算上的错误，以及外界条件的突然变化等原因造成的误差。

5.3.2　常用量具

1. 量规

量规结构简单，通常为具有准确尺寸和形状的实体，如圆锥体、圆柱体、块体平板、尺和螺纹件等。常用的量规有量块、角度量块、多面棱体、正弦规、直尺、平尺、平板、塞尺、平晶和极限量规等。用量规检验工件通常有通止法(利用量规的通端和止端控制工件尺寸使之不超出公差带)、着色法(在量规工作表面上涂上一薄层颜料，用量规表面与被测表面研合，被测表面的着色面积大小和分布不均匀程度表示其误差)、光隙法(使被测表面与量规的测量面接触，后面放光源或采用自然光，根据透光的颜色可判断间隙大小，从而表示被测尺寸、形状或位置误差的大小)和指示表法(利用量规的准确几何形状与被测几何形状比较，以百分表或测微仪等指示被测几何形状误差)。其中利用通止法检验的量规称为极限量规(如卡规、光滑塞规、螺纹塞规、螺纹环规等)。

2. 游标读数量具

应用游标读数原理制成的量具有：游标卡尺、高度游标卡尺、深度游标卡尺、游标量角尺(如万能量角尺)和齿厚游标卡尺等，用以测量零件的外径、内径、长度、宽度，厚度、高度、深度、角度以及齿轮的齿厚等，应用范围非常广泛。

1)游标卡尺

游标卡尺是一种比较精密的量具，通常用来测量精度较高的工件。由具有固定量爪的尺身、具有活动量爪的尺框、带有测量深度的深度尺等组成，如图 5-3 所示。它可用来测量工件的内径、外径、长度及深度尺寸等。按其用途不同可分为通用游标卡尺和专用游标卡尺两大类。通用游标卡尺按测量精度可分为 0.10mm、0.05mm、0.02mm 三个量级。按其尺寸测量范围可分为 0~125mm、0~150mm、0~200mm、0~300mm、0~500mm 等多种规格。

以 0.02mm 游标卡尺为例，主尺的刻度间距为 1mm，当两卡脚合并时，主尺上 49mm 刚好等于副尺上 50 格，副尺每格长为=0.98mm。主尺与副尺的刻度间相关为 1-0.98=0.02mm，因此它的测量精度为 0.02mm。

游标卡尺读数分为 3 个步骤，以图 5-4 所示 0.02mm 精度的游标卡尺的某一状态为例进行说明。在主尺上读出副尺零线以左的刻度，该值就是最后读数的整数部分，图示为 8mm，副尺上一定有一条与主尺的刻线对齐，在刻尺上读出该刻线距副尺的格数，将其与刻度间距 0.02mm 相乘，就得到最后读数的小数部分，图示为 0.32mm，将所得到的整数和小数部分相加，就得到总尺寸为 8.32mm。

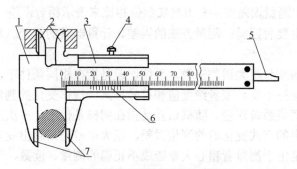 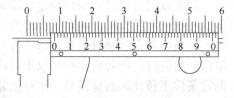

图 5-3　游标卡尺的结构组成　　　　图 5-4　游标卡尺读数示例

1-尺身；2-上量爪；3-尺框；4-紧固螺钉；5-深度尺；6-游标；7-下量爪

2)高度游标卡尺

高度游标卡尺简称高度尺，它的结构组成如图 5-5 所示。它的主要用途是测量工件的高度，另外还经常用于测量形状和位置公差尺寸，有时也用于划线，如图 5-6 所示。

高度尺的读数原理和读数方法与普通游标卡尺类似，在此不做赘述。

3)深度游标卡尺

深度游标卡尺如图 5-7 所示，用于测量零件的深度尺寸或台阶高低和槽的深度。如测量内孔深度时应把基座的端面紧靠在被测孔的端面上，使尺身与被测孔的中心线平行，伸入尺身，则尺身端面至基座端面之间的距离，就是被测零件的深度尺寸，如图 5-8 所示。它的读数方法和游标卡尺完全一样。

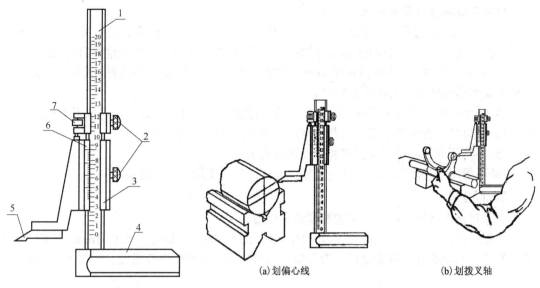

图 5-5 高度游标卡尺

1-主尺；2-紧固螺钉；3-尺框；4-基座；
5-量爪；6-游标；7-微动装置

图 5-6 高度游标卡尺的划线应用

(a)划偏心线 (b)划拨叉轴

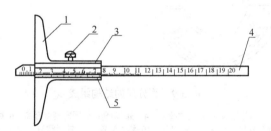

图 5-7 深度游标卡尺

1-基座；2-紧固螺钉；3-尺框；4-尺身；5-游标

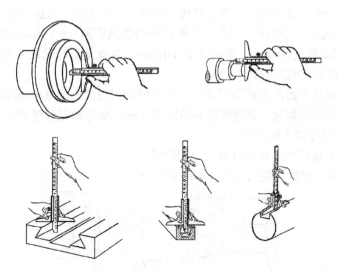

图 5-8 深度游标卡尺的使用方法

4)使用游标读数量具应注意事项

(1)检查零线。使用前应先擦净卡尺,合拢卡脚,检查主副尺的零线是否重合,若不重合,记下误差,测量时用它来修正读数。按规定,主副尺误差太大,应送计量部门检修。

(2)测量工件时,卡脚测量面必须与工件的表面平行或垂直,不得歪斜。且用力不能过大,以免卡脚变形或磨损,影响测量精度。

(3)防止松动。卡尺如需取下来读数,应先拧紧制动螺钉将其锁紧,再取下卡尺。

(4)读数时,视线要垂直卡尺并对准所读刻线,以免读数不准。

(5)不得用卡尺测量表面粗糙和正在运动的工件。

(6)不得用卡尺测量高温工件,否则会使卡尺受热变形,影响测量。

3. 百分尺

百分尺是比游标卡尺更精密的长度测量仪器。

本课程所使用的千分尺量程为 0～25mm 和 25～50mm,分度值是 0.01mm。由固定的尺架、测砧、测微螺杆、固定套管、微分筒、测力装置、锁紧装置等组成,如图 5-9 所示。

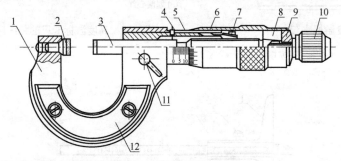

图 5-9 百分尺的结构组成

1-尺架;2-固定测砧;3-测微螺杆;4-螺纹轴套;5-固定刻度套筒;6-微分筒;
7-调节螺母;8-接头;9-垫片;10-测力装置;11-锁紧螺钉;12-绝热板

当测微螺杆顺时针旋转一周时,两测砧面之间的距离就缩小 0.5mm。当测微螺杆顺时针旋转不到一周时,它的具体数值,可从与测微螺杆结成一体的微分筒的圆周刻度上读出。微分筒的圆周上刻有 50 个等分线,当微分筒转一周时,测微螺杆就推进或后退 0.5mm,微分筒转过它本身圆周刻度的一小格时,两测砧面之间转动的距离为 $0.5 \div 50 = 0.01$(mm)。由此可知:百分尺上的螺旋读数机构,可以正确地读出 0.01mm,也就是百分尺的读数值为 0.01mm。

百分尺的具体读数方法可分为 3 步:

(1)读出固定套筒上露出的刻线尺寸,一定不能遗漏应读出的 0.5mm 的刻线值。

(2)读出微分筒上的尺寸,要看清微分筒圆周上哪一格与固定套筒的中线基准对齐,将格数乘 0.01mm 即得微分筒上的尺寸。

(3)将上面两个数相加,即为百分尺上测得尺寸。

如图 5-10 所示,读数分别为 8.27mm 和 8.77mm。

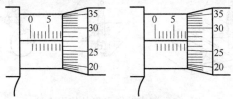

图 5-10 百分尺读数方法

三爪内径百分尺的使用和读数与外径百分尺的相同。

4．其他常用量具

1）钢直尺

钢直尺又称钢板尺，是最简单的长度量具，可直接用来测量工件的尺寸，其规格有 150mm、300mm、500mm、1000mm 等几种。最小刻度为 0.5mm，测量精度为 0.25mm，一般用来测量精度要求不高的工件。

2）90° 角尺

直角尺用于检查中小零件上两垂直表面的垂直度误差。其内侧两边及外侧两边均为准确的 90°。当直角尺的一边与工件的一面贴紧时，若工件的另一面与直角尺的另一边之间有缝隙，则说明工件的这两个面不垂直，用塞尺即可量出垂直度的误差值。

3）塞尺

塞尺又称为厚薄尺，用来检验两贴合面之间的缝隙大小。它由一组厚度不同、范围为 0.03～0.3mm 的薄钢片组成，每片钢片上标有厚度标记。测量时根据被测间隙的大小选择厚度接近的一片或数片薄片直接插入间隙，则这一片或数片的厚度即为两贴合面的间隙值。使用塞尺时应先擦净尺面和工件被测表面，插入时用力不可太大，以免尺片弯曲或折断。

4）螺纹规

螺纹规又称螺纹通止规、螺纹量规，通常用来检验判定螺纹的尺寸是否正确。螺纹尺寸由螺纹直径与螺距组成。通常在选用螺纹规时要知道检验的螺纹规格。

测量螺纹螺距时，将螺纹样板组中齿形钢片作为样板，卡在被测螺纹工件上，如果不密合，就另换一片，直到密合为止，这时该螺纹样板上标记的尺寸即为被测螺纹工件的螺距。

测量牙形角时，把螺距与被测螺纹工件相同的螺纹样板放在被测螺纹上面，然后检查其接触情况。如果没有间隙透光，被测螺纹的牙形角是正确的。如果有不均匀间隙透光现象，那就说明被测螺纹的牙形不准确。但是，这种测量方法是很粗略的，只能判断牙形角误差的大概情况，不能确定牙形角误差的数值。

5）万能角度尺

万能角度尺是用来测量工件内、外角度的量具，其读数机构是根据游标原理制成的。主尺刻线每格为 1°。游标的刻线是取主尺的 29° 等分为 30 格，因此游标刻线角格为 29°/30，即主尺与游标一格的差值为 2′，也就是说万能角度尺读数准确度为 2′。其读数方法与游标卡尺完全相同。

测量时应先校准零位，万能角度尺的零位，是当角尺与直尺均装上，而角尺的底边及基尺与直尺无间隙接触，此时主尺与游标的 "0" 线对准。调整好零位后，通过改变基尺、角尺、直尺的相互位置可测试 0°～320° 范围内的任意角。

应用万能角度尺测量工件时，要根据所测角度适当组合量尺，根据产品被测部位的情况，先调整好角尺或直尺的位置，用卡块上的螺钉把它们紧固住，再来调整基尺测量面与其他有关测量面之间的夹角。这时，要先松开制动头上的螺母，移动主尺作粗调整，然后再转动扇形板背面的微动装置作细调整，直到两个测量面与被测表面密切贴合为止。然后拧紧制动器上的螺母，把角度尺取下来进行读数。

5.4 测量技术实训

1. 教学基本要求

(1)了解测量技术定义、分类及发展趋势。

(2)熟悉几种测量方法及应用。

(3)熟悉常见量具的测量原理及操作方法。

(4)了解常见测量工具的维护和保养。

2. 安全技术操作规程

(1)测量前应把量具的测量面和零件的被测量表面都要揩干净,以免因有脏物存在而影响测量精度。

(2)量具在使用过程中,不要和工具、刀具等堆放在一起,免碰伤量具。

(3)量具是测量工具,绝对不能作为其他工具的代用品。

(4)温度对测量结果影响很大,零件的精密测量一定要使零件和量具都在 20℃的情况下进行测量。

(5)发现量具有不正常现象时,如量具表面不平、有毛刺、有锈斑以及刻度不准、尺身弯曲变形、活动不灵活等,使用者不应当自行拆修,更不允许自行用榔头敲、锉刀锉、砂布打光等粗糙办法修理,以免增大量具误差。发现上述情况,使用者应当主动送计量站检修,并经检定量具精度后再继续使用。

(6)量具使用后,应及时揩干净,除不锈钢量具或有保护镀层者外,金属表面应涂上一层防锈油,放在专用的盒子里,保存在干燥的地方,以免生锈。

3. 教学内容

(1)测量技术概述:测量技术定义、分类及发展趋势、测量方法的分类及特点。

(2)常用量具概述:常用量具的操作方法及读数方法。

(3)基础知识准备:简单机械识图、测量件特征分析、测量件图纸解析、测量要点讲解。

(4)数据结果分析与验证。

(5)量具的维护和保养。

4. 实验步骤

(1)测量前应把量具的测量面和零件的被测量表面都要揩干净,以免因有脏物存在而影响测量精度。

(2)清点量具,校准调零待用。

(3)分析测量件特征,读懂图纸,选择合适的测量方法;选择合适的量具进行测量、读数、填写实验表格。

(4)检查实验数据并验证或修改。

(5)实验完成后,应及时将量具揩干净,除不锈钢量具或有保护镀层者外,金属表面应涂上一层防锈油,放在专用的盒子里,保存在干燥的地方,以免生锈。

第6章 车 削

6.1 车 削 概 述

车削加工是指在车床上利用工件的旋转运动和刀具的移动来改变毛坯的尺寸和形状，使之成为零件的加工过程。车削加工是机械加工中最基本、最常用的加工方法，车床占机床总数的一半左右，在机械加工中占有重要的位置。

车床的切削运动是指工件的旋转运动(见图6-1)和车刀的移动(见图6-2)。工件的旋转运动为主运动，车刀的移动为进给运动，进给运动分为横向进给和纵向进给。

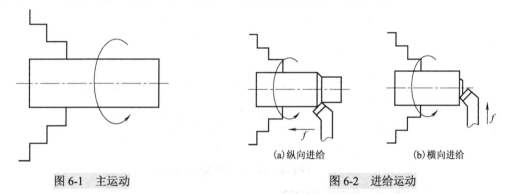

(a)纵向进给　　　(b)横向进给

图 6-1　主运动　　　　　　　图 6-2　进给运动

刀具的这种相对运动关系决定了车削特别适合加工具有回转表面的零件。图 6-3 所示为车削加工可完成的主要工作。

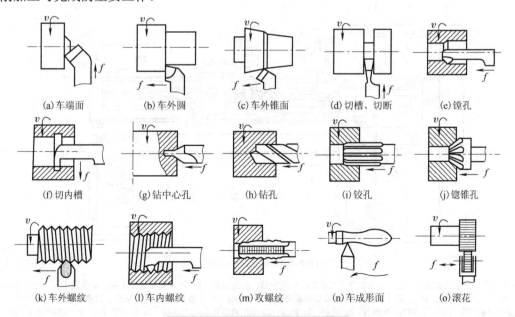

(a)车端面　　(b)车外圆　　(c)车外锥面　　(d)切槽、切断　　(e)镗孔

(f)切内槽　　(g)钻中心孔　　(h)钻孔　　(i)铰孔　　(j)锪锥孔

(k)车外螺纹　　(l)车内螺纹　　(m)攻螺纹　　(n)车成形面　　(o)滚花

图 6-3　车削加工可完成的主要工作

6.2 车削基本工艺

6.2.1 车床

车床是机械加工领域使用最广和最常见设备，按其用途和工件的安装方法不同，常用车床有普通卧式车床、立式车床、仿形车床、卡盘多刀车床和仪表车床等，其中卧式车床应用最为广泛。

1. 车床型号

车床依其类型和规格，可按类、组、型三级编成不同的型号，根据国家标准 GB/T 15375—2008 规定，车床型号由汉语拼音字母和数字组成，现以 C6132 车床为例进行说明，如图 6-4 所示。

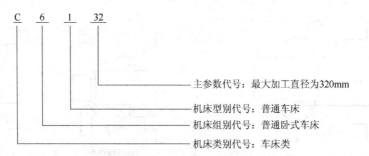

图 6-4 C6132 车床型号的含义

2. 卧式车床各部分的名称和用途

C6132 普通卧式车床的外形如图 6-5 所示。

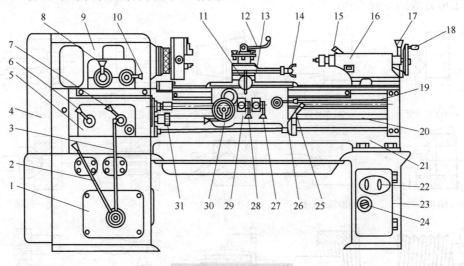

图 6-5 C6132 卧式车床

1-变速箱；2-主轴变速短手柄；3-主轴变速长手柄；4-挂轮箱；5-进给箱；6、7-进给量调整手柄；8-换向手柄；9-主轴箱；10-主轴变速手柄；11-中滑板手柄；12-方刀架锁紧手柄；13-刀架；14-小滑板手柄；15-尾座套筒锁紧手柄；16-尾座；17-尾座锁紧手柄；18-尾座手轮；19-丝杠；20-光杠；21-床身；22-切削液泵开关；23-床腿；24-总电源开关；25-主轴启闭和变向手柄；26-开合螺母手柄；27-横向自动手柄；28-纵向自动手柄；29-溜板箱；30-床鞍手轮；31-离合手柄

（1）变速箱：变速箱用来改变主轴的转速。主要由传动轴和变速齿轮组成。通过操纵变速箱和主轴箱外面的变速手柄来改变齿轮或离合器的位置，可使主轴获得 12 种不同的速度。主轴的反转是通过电动机的反转来实现的。

（2）主轴箱：主轴箱用来支承主轴，并使其作各种速度旋转运动；主轴是空心的，便于穿过长的工件；在主轴的前端可以利用锥孔安装顶尖，也可利用主轴前端圆锥面安装卡盘和拨盘，以便装夹工件。

（3）挂轮箱：挂轮箱用来搭配不同齿数的齿轮，以获得不同的进给量。主要用于车削不同种类的螺纹。

（4）进给箱：进给箱用来改变进给量。主轴经挂轮箱传入进给箱的运动，通过移动变速手柄来改变进给箱中滑动齿轮的啮合位置，便可使光杠或丝杠获得不同的转速。

（5）溜板箱：溜板箱用来使光杠和丝杠的转动改变为刀架的自动进给运动。光杠用于一般的车削，丝杠只用于车螺纹。溜板箱中设有互锁机构，使两者不能同时使用。

（6）刀架：刀架用来夹持车刀并使其作纵向、横向或斜向进给运动。它由以下几个部分组成，如图 6-6 所示。

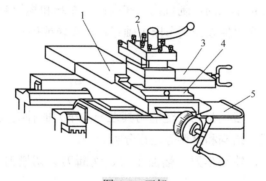

图 6-6 刀架

1-中滑板；2-方刀架；3-小滑板；4-转盘；5-床鞍

① 床鞍：它与溜板箱连接，可沿床身导轨作纵向移动，其上面有横向导轨。

② 中滑板：可沿床鞍上的导轨作横向移动。

③ 转盘：它与中滑板用螺钉紧固，松开螺钉便可在水平面内扳转任意角度。

④ 小滑板：它可沿转盘上面的导轨作短距离移动；当将转盘偏转若干角度后，可使小滑板作斜向进给，以便车锥面。

⑤ 方刀架：它固定在小滑板上，可同时装夹四把车刀；松开锁紧手柄，即可转动方刀架，把所需的车刀更换到工作位置上。

（7）尾座：尾座用于安装后顶尖以支持工件，或安装钻头、铰刀等刀具进行孔加工。尾座的结构如图 6-7 所示，它主要由套筒、尾座体、底座等几部分组成。转动手轮，可调整套筒伸缩一定距离，并且尾座还可沿床身导轨推移至所需位置，以适应不同工件加工的要求。

（8）床身：床身固定在床腿上，床身是车床的基本支承件，床身的功用是支承各主要部件并使它们在工作时保持准确的相对位置。

（9）丝杠：丝杠能带动大拖板作纵向移动，用来车削螺纹。丝杠是车床中主要精密件之一，一般不用丝杠自动进给，以便长期保持丝杠的精度。

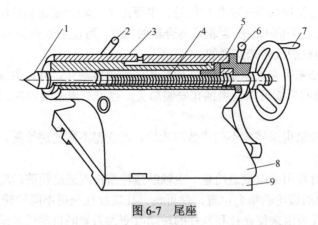

图 6-7 尾座

1-顶尖；2-套筒锁紧手柄；3-顶尖套筒；4-丝杠；5-螺母；6-尾座锁紧手柄；7-手轮；8-尾座体；9-底座

(10) 光杠：光杠用于机动进给时传递运动。通过光杠可把进给箱的运动传递给溜板箱，使刀架作纵向或横向进给运动。

(11) 操纵杆：操纵杆是车床的控制机构，在操纵杆左端和拖板箱右侧各装有一个手柄，操作工人可以很方便地操纵手柄以控制车床主轴正转、反转或停车。

6.2.2 车刀

1. 车刀的种类

车刀是金属切削加工中应用最为广泛的刀具之一。车刀的种类很多，分类方法也不同。通常车刀是按用途、形状、结构和材料等进行分类。

(1) 按用途分类有内、外圆车刀、端面车刀、切断刀、切槽刀、螺纹车刀和滚花刀，如图 6-8 所示。

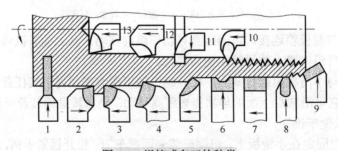

图 6-8 焊接式车刀的种类

1-车断刀；2-左偏刀；3-右偏刀；4-弯头车刀；5-直头车刀；6-成形车刀；7-宽刃精车刀；
8-外螺纹车刀；9-端面车刀；10-内螺纹车刀；11-内槽车刀；12-通孔车刀；13-不通孔车刀

(2) 按结构分类有整体式、焊接式和机械夹固式；机械夹固式按其能否刃磨又分重磨车刀和不重磨车刀两种，如图 6-9 所示。

(3) 按材料分类有高速钢或硬质合金制车刀。常用高速钢制造的车刀有右偏刀、尖刀、切刀、成形刀、螺纹刀、中心钻、麻花钻(钻头和铰刀也是车床上常用的刀具)，应用广泛。常用硬质合金制造的车刀有右偏刀、尖刀、车刀，多用于高速车削。

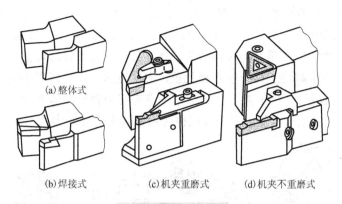

(a)整体式   (b)焊接式   (c)机夹重磨式   (d)机夹不重磨式

图 6-9 车刀结构类型

2. 车刀的安装

车刀必须正确牢固地安装在刀架上，如图 6-10 所示。安装车刀应注意下列几点：

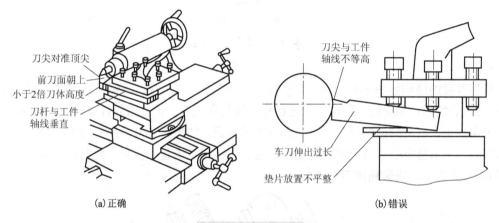

(a)正确   (b)错误

图 6-10 车刀的安装

(1)车刀安装在刀架伸出长度不能太长，一般为刀体高度的 1.5～2 倍。在不影响切削和观察的前提下应尽量短，提高车刀的切削刚度(一般不允许超过刀杆厚度的两倍)，否则车削时易产生振动。

(2)为了提高车刀安装夹紧的接触刚度，刀杆下的垫片应平整稳定，并尽量用减少垫片数目，垫平压紧。

(3)车刀刀尖应与车床的主轴轴线等高，对准工件的回转中心，否则加工端面时中心会留下凸台，可依据尾架顶尖高度来调整之。

(4)车刀刀杆应与车床主轴轴线垂直，否则主副偏角均发生变化。

(5)车刀至少要用两个螺钉压紧在刀架上，并交替逐个拧紧。

(6)安装好车刀后，一定要用手动的方式对工件加工极限位置进行检查。

6.2.3 车床附件

常用附件有三爪自定心卡盘、四爪卡盘、顶尖、跟刀架、心轴和花盘等。

1. 三爪卡盘

三爪卡盘由一个大伞齿轮、三个小伞齿轮、三个卡爪和卡盘体四部分组成。当使用三爪扳手插入任何一个小伞齿轮的方孔，转动扳手，均能带动大伞齿轮旋转，于是，大伞齿轮面的平面螺纹就带动三个卡爪作向心(夹紧)或离心(放松)的运动，从而夹紧工件。三爪的结构简图如 6-11 所示。由于三个爪是同时移动的，夹持圆形截面工件时可自行对中，对中精度约为 0.05～0.15mm。三卡盘夹工件一般不须找正，方便迅速，在常规中小型圆形或六边形截面的轴类或盘类零件(长径比 $L/D<4$)加工中三爪卡盘应用最普遍，但不能获得高的定心精度，而且夹紧力较小。将三爪卡盘换上三个反爪也可用来装夹直径较大的工件。

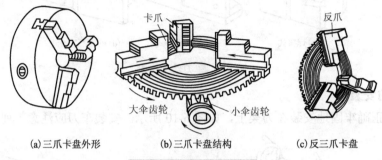

(a)三爪卡盘外形　　　　　(b)三爪卡盘结构　　　　　(c)反三爪卡盘

图 6-11　三爪自定心卡盘

2. 四爪卡盘

四爪卡盘的结构如图 6-12 所示。由于四爪卡盘的四个爪是独立移动的，可加工偏心工件，如图 6-13(a)所示。在安装工件时必须进行仔细地找正工作。一般用划针盘按工件外圆表面或内孔表面找正，也常按预先在工件上已画好的线找正，如图 6-13(b)所示。如零件的安装精度要求很高，三爪自定心卡盘不能满足要求，也往往在四爪卡盘上安装，此时须用百分表找正，如图 6-13(c)所示，安装精度可达 0.01mm。

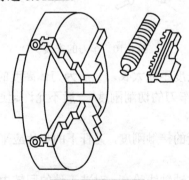

图 6-12　四爪卡盘

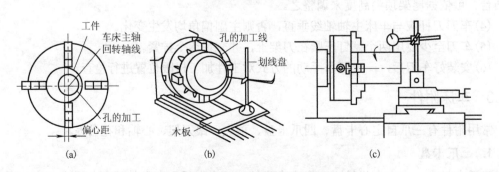

(a)　　　　　　　　　　　(b)　　　　　　　　　　　(c)

图 6-13　用四爪卡盘安装工件时的找正

3. 用顶尖安装工件

对同轴度要求比较高且需要调头加工的轴类工件，常用顶尖装夹工件，顶尖装夹又分为一夹一顶安装，如图 6-14 所示，另一种就是采用双顶针安装，如图 6-15 所示。

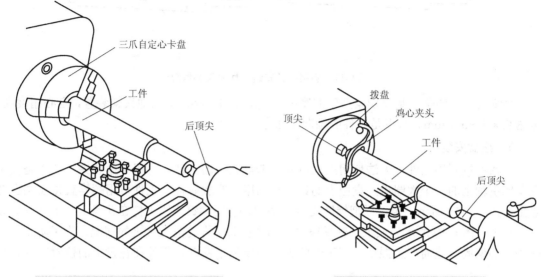

图 6-14　使用卡盘和后顶尖安装工件　　　　图 6-15　使用双顶尖安装工件

用顶尖安装工件应注意：

(1) 卡箍上的支承螺钉不能支承得太紧，以防工件变形。

(2) 由于靠卡箍传递扭矩，所以车削工件的切削用量要小。

(3) 钻两端中心孔时，要先用车刀把端面车平，再用中心钻钻中心孔。

4. 用心轴安装工件

当以内孔为定位基准，并能保证外圆轴线和内孔轴线的同轴度及端面与内孔轴线垂直度的要求，此时用心轴定位，工件以圆柱孔定位常用圆柱心轴和小锥度心轴；对于带有锥孔、螺纹孔、花键孔的工件定位，常用相应的锥体心轴，螺纹心轴和花键心轴。

圆柱心轴是以外圆柱面定心、端面压紧来装夹工件的，如图 6-16 所示。心轴与工件孔一般用 H7/h6、H7/g6 的间隙配合，所以工件能很方便地套在心轴上。但由于配合间隙较大，一般只能保证同轴度 0.02mm 左右。为了消除间隙，提高心轴定位精度，心轴可以做成锥体，但锥体的锥度很小，否则工件在心轴上会产生歪斜（图 6-17(a)）。常用的锥度为 $C=1/1000\sim1/5000$。定位时，工件楔紧在心轴上，楔紧后孔会产生弹性变形（图 6-17(b)），从而使工件不致倾斜。

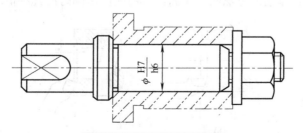

图 6-16　在圆柱心轴上定位

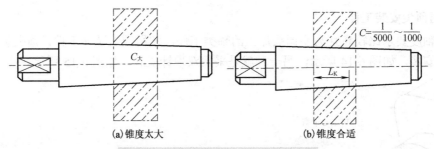

图 6-17　圆锥心轴安装工件的接触情况

　　小锥度心轴的优点是靠楔紧产生的摩擦力带动工件，不需要其他夹紧装置，定心精度高，可达 0.005～0.01mm。缺点是工件的轴向无法定位。

5. 花盘安装

　　形状不规则的工件，无法使用三爪或四爪卡盘装夹的工件，可用花盘装夹。花盘是安装在车床主轴上的一个大圆盘，盘面上的许多长槽用以穿放螺栓，工件可用螺栓直接安装在花盘上，如图 6-18 所示。也可以把辅助支承角铁(弯板)用螺钉牢固夹持在花盘上，工件则安装在弯板上。图 6-19 所示为加工一轴承座端面和内孔时，在花盘上装夹的情况。为了防止转动时因重心偏向一边而产生振动，在工件的另一边要加平衡铁。工件在花盘上的位置需经仔细找正。

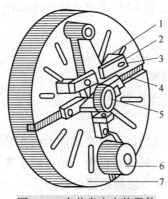

图 6-18　在花盘上安装零件

1-垫铁；2-压板；3-螺栓；4-螺栓槽；
5-工件；6-平衡铁；7-花盘

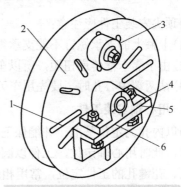

图 6-19　在花盘上用弯板安装零件

1-螺栓槽；2-花盘；3-平衡铁；
4-工件；5-安装基面；6-弯板

6.2.4　车削工艺

1. 车端面

　　对工件的端面进行车削的方法叫车端面。常用端面车削时的几种情况如图 6-20 所示。

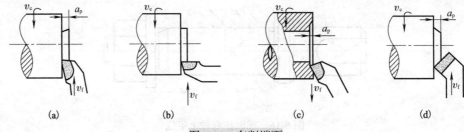

图 6-20　车削端面

车端面时应注意以下几点：

(1)车刀的刀尖应对准工件中心，以免车出的端面中心留有凸台。

(2)偏刀车端面，当背吃刀量较大时，容易扎刀。背吃刀量 a_p 的选择：粗车时 $a_p=0.2\sim$ 1mm，精车时 $a_p=0.05\sim0.2$mm。

(3)端面的直径从外到中心是变化的，切削速度也在改变，在计算切削速度时必须按端面的最大直径计算。

(4)车直径较大的端面，若出现凹心或凸肚时，应检查车刀和方刀架，以及大拖板是否锁紧。

2. 钻中心孔

中心孔是轴类工件在顶尖上安装或加工工艺的定位基准，按国家标准中心孔有 A、B、C 三种类型，A 型由 60° 锥孔和里端小圆柱孔形成，60° 锥孔与顶尖的 60° 锥面配合，里端的小孔用以保证锥孔面与顶尖锥面配合贴切，并可贮存少量的润滑油。B 型中心孔的外端多了个 120° 的锥面，用以保证 60° 锥孔的外缘不碰伤，另外也便于在顶尖上车轴类的端面(见图 6-21)。由于中心孔直径小，在车床上钻中心孔时选择较高的转速并缓慢进给，进给均匀，待钻到尺寸后让中心钻稍作停留以降低中心孔的表面粗糙度(见图 6-22)。

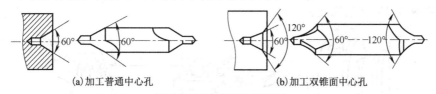

(a)加工普通中心孔　　　　　　　　(b)加工双锥面中心孔

图 6-21　中心孔和中心钻

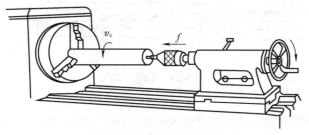

图 6-22　在车床上钻中心孔

3. 车外圆

将工件车削成圆柱形表面的加工称为车外圆。车削外圆及台阶是车床上旋转表面加工最基本、最常见的操作。由于加工零件技术要求不同所采用的刀具和切削用量上都有区别。

外圆及台阶车刀有尖刀(直头外圆车刀)、弯头刀、90° 偏刀、圆头精车刀和宽刃精车刀等。图 6-23 为车外圆示意图。

尖刀用于精车外圆(见图 6-23(a))和车无台阶或台阶不大的外圆，也可用于车倒角。

45° 弯头刀不仅能车外圆(见图 6-23(b))，还能车端面、倒角和有 45° 斜面的外圆。

偏刀车外圆时径向力很小(见图 6-23(c))，常用于车细长轴外圆和有直角台阶的外圆，也可以车端面。

右偏刀主要用来车削带直角台阶的工件。由于右偏刀切削时产生的径向力小，常用于车削细长轴。

圆头精车刀的刀尖圆弧半径大，用于精车无台阶的外圆。带直角台阶的外圆可以用精车刀车削。采用宽刃精车刀可以减小外圆表面粗糙度值。

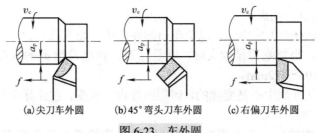

(a)尖刀车外圆　　　(b)45°弯头刀车外圆　　　(c)右偏刀车外圆

图 6-23　车外圆

4. 车床上的孔加工

车床上可以用钻头、镗刀、扩孔钻头、铰刀进行钻孔、镗孔、扩孔和铰孔。下面介绍钻孔和镗孔的加工方法。

1) 钻孔

利用钻头将工件钻出孔的方法称为钻孔。钻孔的公差等级为 IT10 以下，表面粗糙度为 $Ra12.5\mu m$，多用于粗加工孔。在车床上钻孔如图 6-24 所示，工件装夹在卡盘上，钻头安装在尾架套筒锥孔内。钻孔前先车平端面并车出一个中心坑或先用中心钻钻中心孔作为引导。钻孔时，摇动尾架手轮使钻头缓慢进给，注意经常退出钻头排屑。钻孔进给不能过猛，以免折断钻头。钻钢料时应加切削液。

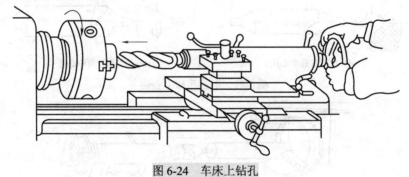

图 6-24　车床上钻孔

2) 镗孔

在车床上对工件的孔进行车削的方法叫镗孔(又叫车孔)，镗孔可以作粗加工，也可以作精加工。镗孔分为镗通孔和镗不通孔，如图 6-25 所示。镗通孔基本上与车外圆相同，只是进刀和退刀方向相反。粗镗和精镗内孔时也要进行试切和试测，其方法与车外圆相同。注意通孔镗刀的主偏角为 45°～75°，不通孔车刀主偏角为大于 90°。

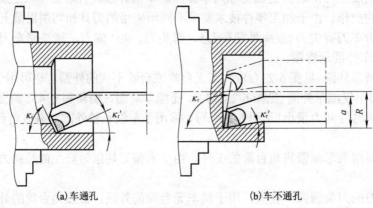

(a)车通孔　　　　　　　(b)车不通孔

图 6-25　车孔

5. 车槽和切断

1）车槽

在工件表面上车沟槽的方法叫车槽，槽的形状有外槽、内槽和端面槽，如图 6-26 所示。

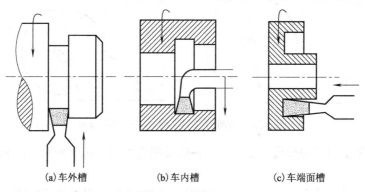

　　　(a)车外槽　　　　　　　　(b)车内槽　　　　　　　　(c)车端面槽

图 6-26　常用切槽的方法

2）切断

切断要用切断刀。切断刀的形状与切槽刀相似，但因刀头窄而长，很容易折断。常用的切断方法有直进法和左右借刀法两种，如图 6-27 所示。直进法常用于切断铸铁等脆性材料；左右借刀法常用于切断钢等塑性材料。

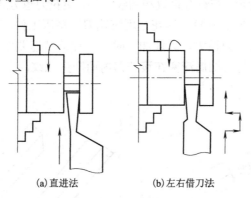

　　　(a)直进法　　　　　　　　(b)左右借刀法

图 6-27　切断方法

切断时应注意以下几点：

（1）切断一般在卡盘上进行，如图 6-28 所示。工件的切断处应距卡盘近些，避免在顶尖安装的工件上切断。

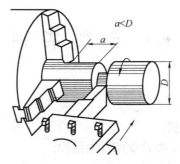

图 6-28　在卡盘上切断

(2)切断刀刀尖必须与工件中心等高，否则切断处将剩有凸台，且刀头也容易损坏(见图 6-29)。

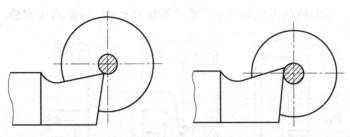

图 6-29　切断刀刀尖必须与工件中心等高

(3)切断刀伸出刀架的长度不要过长，进给要缓慢均匀。将切断时，必须放慢进给速度，以免刀头折断。

(4)切断钢件时需要加切削液进行冷却润滑，切铸铁时一般不加切削液，但必要时可用煤油进行冷却润滑。

6. 滚花

各种工具和机器零件的手握部分，为了便于握持和增加美观，常在表面上滚出各种不同的花纹，如百分尺的套管，铰杠扳手以及螺纹量规等。这些花纹一般是在车床上用滚花刀滚压而形成的，如图 6-30 所示。花纹有直纹和网纹两种，滚花刀也分直纹滚花刀(见图 6-31(a))和网纹滚花刀(见图 6-31(b)、(c))。滚花是用滚花刀来挤压工件，使其表面产生塑性变形而形成花纹。滚花的径向挤压力很大，因此加工时，工件的转速要低些。需要充分供给冷却润滑液，以免研坏滚花刀和防止细屑滞塞在滚花刀内而产生乱纹。

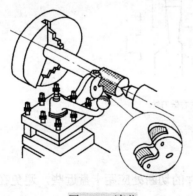

图 6-30　滚花

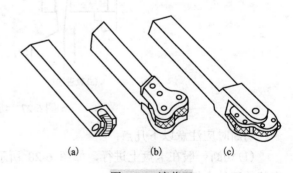

　(a)　　　　　(b)　　　　　(c)

图 6-31　滚花刀

6.3　车　削　实　训

1. 车削教学基本要求

(1)了解车削的基本概念和加工范围。

(2)了解车削加工的应用范围。

(3)了解车床型号、组成和主要功能部件的结构。

(4)了解车刀的种类和用途。

(5)掌握车削外圆、端面、台阶、圆锥、切槽和切断的操作方法。

(6)掌握常用量具，如游标卡尺和螺旋测微器(千分尺)的正确使用和读数。

(7)了解车削加工的安全技术操作规范。

2. 车削安全操作规程

(1)进入实习场地务必按要求穿戴齐全防护用品，长发者须戴工作帽并将发髻挽入帽内。

(2)严禁戴围巾、手套等进行操作，以免被机器卷入发生事故。

(3)操作时须佩戴防护眼镜，以防切屑溅入眼内。

(4)测量、装夹工件、清理切屑时需停机。

(5)设备工作中，严禁身体任何部位进入刀具或工件运动区域。

(6)启动车床前须仔细检查车床的润滑、运转及防护装置等是否正常。

(7)夹紧工件后，须即刻将扳手取下放好，以免开车时扳手飞出伤人。

(8)安装车刀时，须将刀尖调节到与工件轴心同一水平面上，刀尖伸出刀架部分应尽可能短。

(9)车削时，切削用量应选择适当，不得任意加大或缩小。

(10)切削过程中需要停车时，严禁用开倒车的方法代替刹车，且不准用手掌压卡盘停车。

(11)车削螺纹需要开倒车时，要先刹车，待工件完全停止转动后，才能改变主轴旋转方向。

(12)操作时，操作人员应站立在偏离切屑飞出方向，以免切屑伤人。

(13)清除切屑时严禁用手直接清除，必须用钩子清理。

(14)如发现异常，须立即停车，并报告指导老师。

(15)未经指导老师许可，严禁乱动设备，工作中如出现意外，须迅速切断电源。

(16)当日实习完毕，须将大拖板摇至尾架处，关闭车床电源，清理现场。

3. 车削教学内容

(1)车床主要结构及手柄使用方法介绍；

(2)学生手柄操作练习；

(3)实习工件加工工艺过程讲解及示范操作；

(4)学生工件加工练习；

(5)学生工件加工质量检测，成绩评定；

(6)机床及地面卫生清理，经指导老师同意后方可离开车间。

第7章 铣 削

7.1 铣 削 概 述

在铣床上利用铣刀的旋转和工件的移动对工件进行切削加工，称为铣削加工。铣刀作高速旋转是完成切削的主要运动，称为主运动；工件作直线运动使被切削层不断投入切削的运动，称为进给运动。

铣削是金属切削加工中常用的方法之一，可用来加工平面、台阶、斜面、沟槽、成形表面、齿轮等，也可用来钻孔、镗孔、切断等。图 7-1 所示为铣削加工的应用范围。

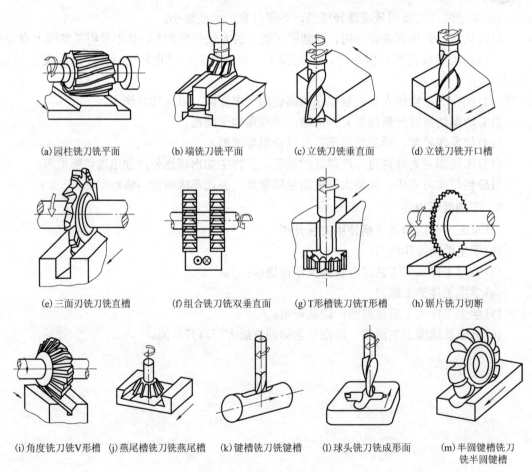

(a)园柱铣刀铣平面　　(b)端铣刀铣平面　　(c)立铣刀铣垂直面　　(d)立铣刀铣开口槽

(e)三面刃铣刀铣直槽　　(f)组合铣刀铣双垂直面　　(g)T形槽铣刀铣T形槽　　(h)锯片铣刀切断

(i)角度铣刀铣V形槽　(j)燕尾槽铣刀铣燕尾槽　(k)键槽铣刀铣键槽　(l)球头铣刀铣成形面　(m)半圆键槽铣刀铣半圆键槽

图 7-1　铣削加工的应用范围

7.2 铣削基本工艺

7.2.1 铣床

铣床的种类很多，最常用的是卧式铣床、立式铣床、工具铣床、龙门铣床、仿形铣床等，其中卧式铣床与立式铣床应用最广。卧式与立式铣床的主要区别就是它们各自的主轴的空间位置不同，卧式铣床的主轴是水平的，而立式铣床的主轴是垂直于工作台面。

1. 卧式万能铣床

卧式升降台铣床应用非常广泛，X6132 卧式万能铣床的主要组成及功能如图 7-2 所示。

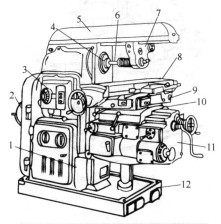

图 7-2 X6132 型卧式万能升降台铣床

1-床身；2-电动机；3-变速机构；4-主轴；5-横梁；6-刀杆；7-刀杆支架；
8-纵向工作台；9-转台；10-横向工作台；11-升降台；12-底座

1) 编号

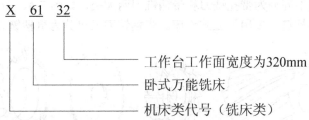

```
X    61    32
```

工作台工作面宽度为320mm

卧式万能铣床

机床类代号（铣床类）

2) X6132 卧式万能升降台铣床的主要组成部分及其作用

(1) 床身：主要用来固定和支承铣床上所有部件。

(2) 横梁：用来安装吊架、支承刀杆，以减少刀杆的弯曲和颤动，横梁的伸出长度可调整（它可沿床身的水平导轨移动）。

(3) 主轴：主轴为空心轴，前端为锥孔，用来安装铣刀刀杆并带动铣刀旋转。

(4) 纵向工作台：纵向工作台用来安装夹具和工件，它可在转台的导轨上作纵向运动，带动工件作纵向进给。

(5) 转台：转台的作用是能将纵向工作台在水平面内扳转一定的角度（正、反最大均可转 45°）。

(6) 横向工作台：横向工作台位于转台和升降台之间，可沿升降台上的导轨作横向运动，带动工件作横向进给。

(7)升降台：支承纵向工作台和转台，并带动它们沿床身垂直导轨上下移动，以调整工作台到铣刀的距离，并作垂直进给。

万能卧式升降台铣床的主轴转动和工作台移动的传动系统是分开的，分别由单独的电动机驱动，使用单手柄操纵机构，工作台在 3 个方向上均可快速移动。

2. 立式铣床

立式铣床与卧式铣床相比，组成部分及运动基本相同。不同的是：它床身无导轨，也无横梁，在前上部有一个立铣头，其作用是安装主轴和铣刀。通常立式铣床在床身与立铣头之间有一转盘，可使主轴倾斜一定角度，用于铣削斜面，如图 7-3 所示。

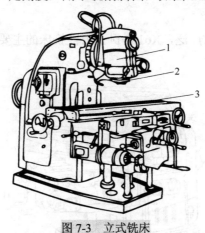

图 7-3　立式铣床

1-立铣头；2-主轴；3-纵向工作台

7.2.2　铣刀

1. 铣刀的种类

铣刀是一种多刃刀具，常用的铣刀刀齿材料有高速钢和硬质合金钢两种。铣刀的种类很多，按其安装方法的不同分为带孔铣刀和带柄铣刀两大类，如图 7-4、图 7-5 所示。带孔铣刀多用于卧式铣床，带柄铣刀多用于立式铣床。带柄铣刀又可分为直柄铣刀和锥柄铣刀。

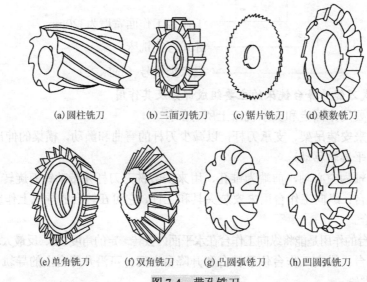

(a)圆柱铣刀　　(b)三面刃铣刀　　(c)锯片铣刀　　(d)模数铣刀

(e)单角铣刀　　(f)双角铣刀　　(g)凸圆弧铣刀　　(h)凹圆弧铣刀

图 7-4　带孔铣刀

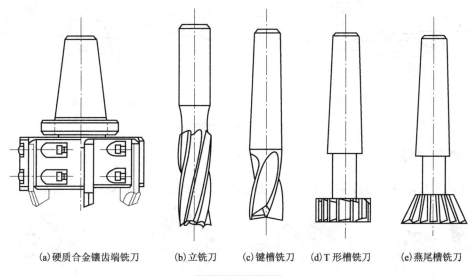

(a)硬质合金镶齿端铣刀　　(b)立铣刀　　(c)键槽铣刀　　(d)T 形槽铣刀　　(e)燕尾槽铣刀

图 7-5　带柄铣刀

2. 铣刀的安装

1）带孔铣刀的安装

如图 7-6 所示，带柄铣刀需要采用铣刀杆安装，先将铣刀杆锥体一端插入主轴锥孔，用拉杆拉紧。通过套筒调整铣刀的合适位置，刀杆另一端用吊架支承。

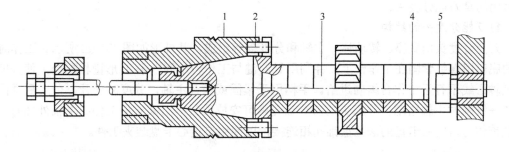

图 7-6　带孔铣刀的安装

1-主轴；2-端面键；3-套筒；4-刀杆；5-螺母

2）带柄铣刀的安装

（1）直柄铣刀的安装：这类铣刀多为小直径铣刀（≤20mm），常用弹簧夹头来安装，如图 7-7（a）所示。安装时，收紧螺母，使弹簧套作径向收缩而将铣刀的柱柄夹紧。

（2）锥柄铣刀的安装：根据铣刀锥柄尺寸选择合适的过渡锥套，用拉杆将铣刀及过渡套一起拉紧在主轴端部的锥孔内，如图 7-7（b）所示。

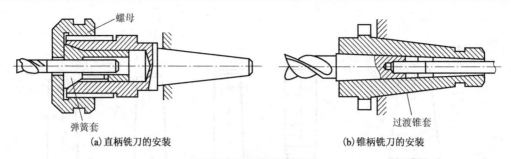

(a)直柄铣刀的安装　　　　　　　　　　　　(b)锥柄铣刀的安装

图 7-7　带柄铣刀的安装

7.2.3　铣床附件

铣床的主要附件有分度头、平口钳、万能铣头和回转工作台，如图 7-8 所示。

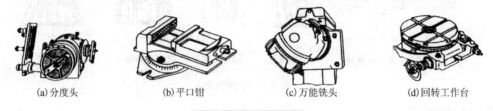

(a)分度头　　　　　(b)平口钳　　　　　(c)万能铣头　　　　　(d)回转工作台

图 7-8　常用铣床附件

1.　分度头

在铣削加工中，常会遇到铣六方、齿轮、花键等工作，这时工件每加工一个面或一个槽后需转动一个角度，再加工下一个面或下一个槽，这种工作称为分度。分度头是分度的附件，最常用的是万能分度头。

1)万能分度头的结构

万能分度头由底座、转动体、主轴和分度盘等组成，其外形如图 7-9(a)所示。工作时，它的底座用螺钉紧固在工作台上，并利用导向键与工作台中间一条 T 形槽相配合，使分度头主轴轴心线平行于工作台纵向进给。手柄用于紧固或松开主轴，分度时松开，分度后紧固，以防在铣削时主轴松动。分度头的前端锥孔内可安放顶尖，用来支承工件；主轴外部有一短定位锥体与自定心卡盘的法兰盘锥孔相连接，以便用自定心卡盘装夹工件。

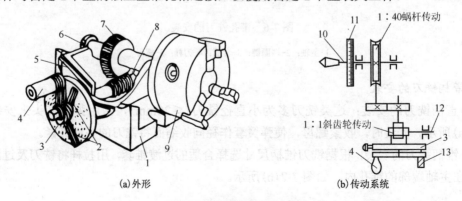

(a)外形　　　　　　　　　　　　　　　　　(b)传动系统

图 7-9　万能分度头的结构

1-基座；2-分度叉；3-分度盘；4-手柄；5-回转体；6-分度头主轴；7-40 齿蜗轮；
8-单头蜗杆；9-自定心卡盘；10-主轴；11-刻度环；12-交换齿轮轴；13-定位销

由图可得手柄与主轴的传动比是 1：1/40，即手柄转一圈，主轴转 1/40 圈。若加工齿数为 z 的齿轮，工件（主轴）转过 1/z 转，分度头手柄所转的圈数为 n，即得如下关系。

$$1:\frac{1}{40}=n:\frac{1}{z} \quad 即 \quad n=\frac{40}{z}$$

式中，n 为手柄的转数；z 为工件等分数；40 为分度头定数。

2）分度方法

由 $n=40/z$ 可知，如果加工 $z=36$ 的齿轮，分度时分度手柄转数为

$$n=\frac{40}{z}=\frac{40}{36}=1\frac{1}{9}$$

这时，每分一齿，手柄需转过 1 整圈再转 1/9 圈。1/9 圈是通过分度盘（见图 7-10）来控制的。国产分度盘一般备有两块分度盘，分度盘的正反两面有许多圈盲孔，各圈孔数不同，但同一圈孔距相同。

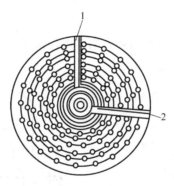

图 7-10 分度盘

第一块分度盘正面各孔圈数依次为 24、25、28、30、34、37；反面各孔圈数依次为 38、39、41、42、43。

第二块分度盘正面各孔圈数依次为 46、47、49、51、53、54；反面各孔圈数依次为 57、58、59、62、66。

分度前，先在上面找到分母 9 倍数的孔圈，即 54 孔圈。把手柄的定位销拔出，使手柄转过 1 整圈之后，再沿孔圈数为 54 的孔圈转过 6 个孔距，即

$$n=\frac{40}{z}=\frac{40}{36}=1\frac{1}{9}=1\frac{6}{54}$$

为了保证每次转过的孔距准确，可把分度盘上的两个扇形夹 1、2 之间的夹角（见图 7-10）调整到正好为手柄转过 6 孔间距。这样每次分度就可做到快又准。

2. 平口钳

平口钳如图 7-8（b）所示，它是一种通用夹具，经常用来安装小型和形状规则的工件。

3. 万能铣头

万能铣头如图 7-8（c）所示，在卧式铣床上装上万能铣头，不仅能完成各种立铣的工作，而且还可以根据铣削的需要，把铣头主轴扳成任意角度。万能铣头的底座用螺栓固定在铣床的垂直导轨上。铣床主轴的运动通过铣头内的两对锥齿轮传到铣头主轴上。铣头的壳体可绕铣床主轴轴线偏转任意角度。铣头主轴的壳体还能在铣头壳体上偏转任意角度。因此，铣头主轴就能在空间偏转成需要的任意角度。

4. 回转工作台

回转工作台又称为转盘、平分盘、圆形工作台等,如图 7-8(d)所示。它的内部有一套蜗轮蜗杆。摇动手轮,通过蜗杆轴,就能直接带动与转台相连的蜗轮转动。转台周围有刻度,可以用来观察和确定转台位置。拧紧固定螺钉,转台就固定不动。转台中央有一孔,利用它可以方便地确定工件的回转中心。当底座上的槽和铣床工作台的 T 形槽对齐后,即可以用螺栓把回转工作台固定在铣床工作台上。铣圆弧槽时,工件安装在回转工作台上,铣刀旋转,用手均匀缓慢地摇动回转工作台而使工件铣出圆弧槽。

7.2.4 铣削工艺

铣床的加工范围很广,利用各种附件和不同的铣刀,可以铣削平面、沟槽、成形面、螺旋槽、钻孔和镗孔等。本节只介绍平面、斜面、沟槽、成形面的铣削方法。

1. 铣平面

1)平面的铣削方法

在铣床上用圆柱铣刀、立铣刀和端铣刀都可进行水平面加工。用端铣刀和立铣刀还可进行垂直平面的加工,如图 7-11 所示。

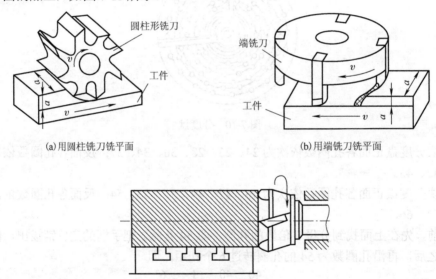

(a)用圆柱铣刀铣平面   (b)用端铣刀铣平面

(c)用端铣刀铣垂直面

图 7-11 平面铣削方法

用端铣刀加工平面时,因同时参加切削的刀齿较多,切削比较平稳,并且端面刀齿副切削刃有修光作用,所以切削效率高,刀具耐用,加工质量好。用端铣刀铣平面是平面加工的最主要方法。而用圆柱铣刀加工平面,则因其在卧式铣床上使用方便,单件小批量的小平面加工仍广泛使用。

2)顺铣与逆铣

用圆柱铣刀铣平面有顺铣和逆铣两种方式。在铣刀与工件已加工面的切点处,铣刀切削刃的运动方向与工件进给方向相同的铣削称为顺铣,反之称为逆铣,如图 7-12 所示。

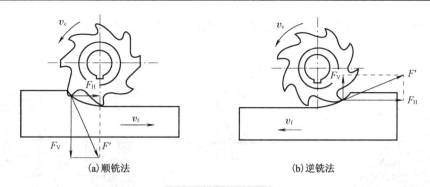

(a)顺铣法　　　　　　　　　　　(b)逆铣法

图 7-12　顺铣与逆铣

顺铣时，刀齿切入的切削厚度由大变小，易切入工件，刀具磨损小。工件受铣刀向下压分力 F_V，减小了工件的振动，切削平稳，加工表面质量好，刀具耐用度高，有利于高速切削。但这时的水平分力 F_H 的方向与进给方向相同，当工作台丝杠与螺母间有间隙时，会引起机床的振动甚至抖动，使切削不平稳，甚至打刀，这样限制了顺铣法在生产中的应用。

逆铣时，刀齿切入切削厚度是由零逐渐变到最大，由于刀齿切削刃有一定的钝圆，所以刀齿要滑行一段距离才能切入工件，刀刃与工件摩擦严重，工件已加工表面粗糙度增大，且刀具易磨损。但其切削力始终使工作台丝杠与螺母保持紧密接触，工作台不会窜动，也不会打刀，因此在一般生产中多用逆铣进行铣削。

2. 铣斜面

有斜面的工件很常见，铣削斜面的方法很多，常用的几种方法如图 7-13 所示。

(1)用倾斜垫铁铣斜面。在零件基准的下面垫一块倾斜的垫铁，则铣出的平面就与基准面倾斜。改变倾斜垫铁的角度，可加工出不同角度的斜面，如图 7-13(a)所示。

(2)用万能铣头铣斜面。由于万能铣头可方便地改变刀轴的空间位置，通过扳转铣头使刀具相对工件倾斜一个角度便可铣出所需的斜面，如图 7-13(b)所示。

(3)用角度铣刀铣斜面。较小的斜面可用合适的角度铣刀铣削，如图 7-13(c)所示。

当加工零件批量较大时，常采用专用夹具铣斜面。

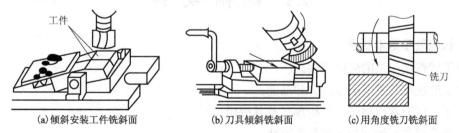

(a)倾斜安装工件铣斜面　　　(b)刀具倾斜铣斜面　　　(c)用角度铣刀铣斜面

图 7-13　常用铣斜面方法

3. 铣沟槽

铣床能加工沟槽的种类很多，如直槽、键槽、角度槽、燕尾槽、T 形槽和螺旋槽等，这里着重介绍键槽、T 形槽和燕尾槽。

1)铣键槽

常见的键槽有封闭式和敞开式两种。对于封闭式键槽，单件生产一般在立式铣床上加工。当批量较大时，则常在键槽铣床上加工。键槽铣刀一次轴向进给不能太大，要一薄层一薄层地铣削，直到符合要求为止，如图 7-14 所示 。

对于敞开式键槽，可在卧式铣床上用三面刃铣刀加工，如图 7-15 所示。

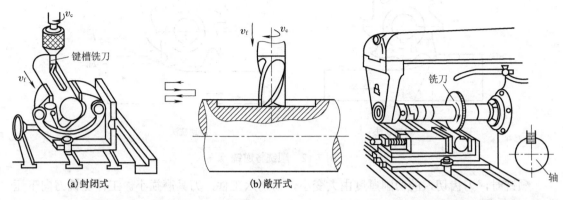

(a)封闭式   (b)敞开式

图 7-14   在立式铣床上铣封闭键槽   图 7-15   在卧式铣床上铣敞开式键槽

2)铣 T 形槽和燕尾槽

加工 T 形槽或燕尾槽，必须先用立铣刀或三面刃铣刀铣出直角槽，然后在立式铣床上用 T 形槽铣刀或燕尾槽铣刀加工成形，如图 7-16 所示。

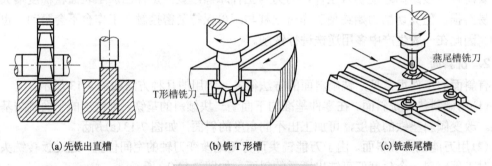

(a)先铣出直槽   (b)铣 T 形槽   (c)铣燕尾槽

图 7-16   铣 T 形槽及燕尾槽

7.3   铣 削 实 训

1. 铣削教学基本要求

(1)了解铣削加工的应用范围。

(2)了解铣床的主要组成部分和功能。

(3)了解铣刀常用材料、结构形式及其应用。

(4)熟悉和掌握铣削加工的基本方法。

(5)了解铣床分度头的结构，并学会使用分度头。

(6)掌握常用量具，如游标卡尺和螺旋测微器(千分尺)的正确使用和读数。

(7)了解工件和刀具的安装方法。

(8)了解铣削加工的安全技术操作规范。

2. 铣削安全技术操作规程

(1)按规定穿戴劳动保护用品。不能穿高跟鞋、拖鞋上岗。不许戴手套和围巾进行操作。

(2)工作前应根据工艺要求进行有关工步程序、主轴转速、刀具进给量、刀具运动轨迹和连续越位等项目的预选。将电气旋钮置于"调正"位置进行试车，确认无问题后，再将电气旋钮置于自动或半自动位置进行工作。

(3)铣削不规则的工件及使用虎钳、分度头及专用夹具持工件时，不规则工件的重心及虎钳、分度头、专用夹具等应尽可能放在工作台的中间部位，避免工作台受力不匀，产生变形。

(4)在快速或自动进给铣削时，不准把工作台走到两极端，以免挤坏丝杠。

(5)不准用机动对刀，对刀应手动进行。

(6)工作台换向时，须先将换向手柄停在中间位置，然后再换向，不准直接换向。

(7)铣削键槽轴类或切割薄的工件时，严防铣坏分度头或工作台面。

(8)铣削平面时，必须使用有 4 个刀头以上的刀盘，选择合适的切削用量，防止机床在铣削中产生振动。

(9)工作后，将工作台停在中间位置，升降台落到最低的位置上。

3. 车削教学内容

(1)铣床主要结构及手柄使用方法介绍；

(2)学生手柄操作练习；

(3)分度头分度原理及使用方法讲解；

(4)实习工件加工工艺过程讲解及示范操作；

(5)学生工件加工练习；

(6)学生工件加工质量检测，成绩评定；

(7)机床及地面卫生清理，经指导老师同意后方可离开车间。

第8章 钳 工

8.1 钳工概述

钳工是使用钳工工具或设备，按技术要求对工件进行加工、修整、装配的工种，因常在钳工台上用虎钳夹持工件操作而得名。由于钳工工具简单，操作灵活，可以完成机械加工不方便或难以完成的某些工作，同时又能加工出比较精密的机械零件。因此，尽管钳工生产效率低、劳动强度大，但在机械制造和维修中仍然占有重要的地位，是切削加工不可缺少的组成部分。

钳工的种类很多，一般分为普通钳工、装配钳工和维修钳工等。

钳工的基本操作有：划线、锯削、锉削、钻削、攻螺纹和套螺纹、刮削、研磨、装配和修理等。

1. 钳工的工作范围

(1)加工前的准备工作。如清理毛坯，在工件上划线等。

(2)加工精密零件。如锉样板、刮削或研磨机器量具的配合表面等。

(3)零件装配成机器时互相配合零件的调整，整台机器的组装、试车、调试等。

(4)机器设备的保养维护。

总之，钳工是机械制造工业中不可缺少的工种。

2. 钳工的特点

(1)加工灵活，在不适于机械加工的场合，尤其是在机械设备的维修工作中，钳工加工可获得满意的效果。

(2)可加工形状复杂和高精度的零件，技术熟练的钳工，可加工出比现代化机床加工还要精密和光洁的零件，可以加工出连现代化机床也无法加工的形状非常复杂的零件，如高精度量具、样板、开头复杂的模具等。

(3)投资小，钳工加工所用工具和设备价格低廉，携带方便。

(4)生产效率低，劳动强度大。

(5)加工质量不稳定，加工质量的高低受工人技术熟练程度的影响。

3. 钳工常用设备

钳工常用的设备有：钳工台、虎钳。钳工台是操作者从事钳工作业的主要区域，为了达到减振、降噪、耐磨的效果，一般是坚实的木材包裹铁皮制成，如图 8-1 所示。虎钳是夹持工件的主要工具，如图 8-2 所示，分固定部分和活动部分，固定部分由锁紧螺栓固定在转盘座上，转盘座内装有夹紧盘，放松转盘夹紧手柄，固定部分就可以在转盘座上转动，改变虎钳钳口方向。转动手柄可以带动丝杠在固定部分的螺母中旋进或旋出，从而带动活动部分前后移动，实现钳口的张开与闭合。用虎钳夹持工件时工件尽可能夹持在虎钳的中间，使钳口均匀受力，夹持工件的精加工表面时，应在钳口垫上铜皮或铝皮加以保护。虎钳规格常用钳口宽度来表示，常用的有 100mm、125mm、150mm 三种。

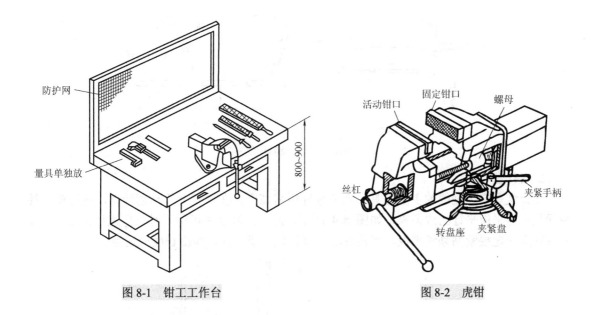

图 8-1 钳工工作台　　　　　　　　图 8-2 虎钳

8.2 钳工基本工艺

钳工工艺主要包括划线、锯削、锉削、钻削、铰削、攻螺纹和套螺纹、錾削、刮削、研磨、矫正、弯曲和铆接等。根据教学需要，本节主要介绍划线、锯削、锉削、攻螺纹和套螺纹等常用加工工艺方法。

8.2.1 划线

根据图纸和工艺要求，在毛坯或者半成品上，准确地划出加工界限的操作称为划线。

划线的作用：

(1)确定工件加工余量和各表面间的坐标位置，便于在机床上安装和找正定位，以便切削；

(2)及时发现和处理不合格的毛坯，以提高生产效率；

(3)采用借料划线使误差不大的毛坯得到补救，使加工后的零件能符合要求。

常用划线工具：基准工具、划线工具和支撑工具。

1. 基准工具

划线的基准工具是划线平板(平台)。划线平板由铸铁制成，整个平面是划线的基准平面，要求平直和光洁。

2. 划线工具

常用的划线工具有划针、划针盘、划规和划卡。

1)划针

划针是直接在工件上划线的工具，由工具钢制成。用划针划线时尽量做到一次划出，线条应清晰、准确，如图 8-3 所示。

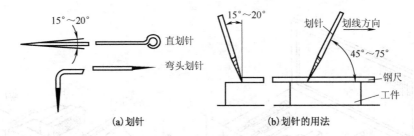

(a) 划针　　　　　　　　(b) 划针的用法

图 8-3　划针及其用法

2) 划针盘

划针盘是立体划线的主要工具，调节划针所需高度，在平板上移动划针盘，便可在工件表面划出与平板平行的线条来，如图 8-4 所示。此外划针盘还可用于对工件进行找正。在使用时底座一定要紧贴划线平板，平稳移动，划针装夹要牢固，伸出长度应适当。

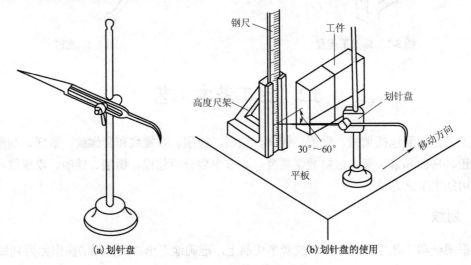

(a) 划针盘　　　　　　　　　(b) 划针盘的使用

图 8-4　划针盘及其用法

3) 划规和划卡

划规是平面划线的主要工具，它形似圆规，又称双脚圆规。用于划圆、弧线、等分线段、量取尺寸等，如图 8-5 所示。划卡又称单脚划规，用于确定轴和孔的中心位置，也可用于划平行线。

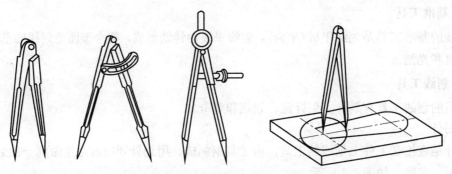

图 8-5　划规的种类及应用

3. 支撑工具

常用的支撑工具有方箱、千斤顶、V 形铁等。

1）方箱

划线方箱是用铸铁制成的空心立方体，相邻两面互相垂直，相对两面互相平行，尺寸精度和形状位置精度较高。方箱上带有 V 形槽和夹持装置，V 形槽用来安放较小的轴和盘套类工件，通过翻转方箱可把工件上相互垂直的线在一次装夹中全部划出来，如图 8-6 所示。

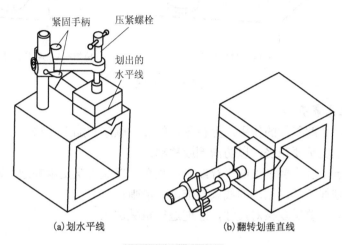

(a)划水平线   (b)翻转划垂直线

图 8-6　方箱的应用

2）千斤顶

在加工较大或不规则工件时，常用千斤顶来支撑工件。通常 3 个千斤顶为一组同时使用，每个千斤顶的高度均可调整，以便找正工件，如图 8-7 所示。

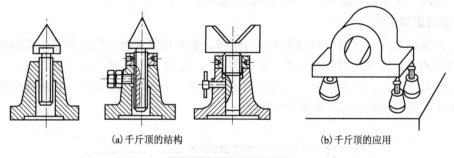

(a)千斤顶的结构   (b)千斤顶的应用

图 8-7　千斤顶及其应用

3）V 形铁

主要用于支撑轴、套筒等圆柱形工件，保证工件轴线与平板平行，以便于划出中心线，当工件较长时可放在两个等高的 V 形铁上，如图 8-8 所示。

4. 划线操作要点

1）划线前的准备工作

(1)工件准备：包括工件的清理、检查和表面涂色；

(2)工具准备：按工件图样的要求，选择所需工具，并检查和校验工具。

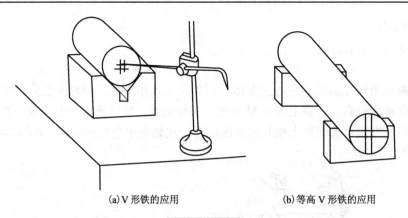

(a) V 形铁的应用　　　　　　　　　(b) 等高 V 形铁的应用

图 8-8　V 形铁

2)操作时的注意事项

(1)看懂图样，了解零件的作用，分析零件的加工顺序和加工方法；

(2)工件夹持或支承要稳妥，以防滑倒或移动；

(3)在一次支承中应将要划出的平行线全部划全，以免再次支承补划，造成误差；

(4)正确使用划线工具，划出的线条要准确、清晰；

(5)划线完成后，要反复核对尺寸，才能进行机械加工。

8.2.2　锯切

锯切是对金属进行切削加工的操作，用手锯分割材料或在工件上切槽的操作称为锯切。在各种自动化、机械化的切割设备已广泛地使用的今天，锯切还是常见的，因为它具有方便、简单和灵活的特点，在单件小批生产、在临时工地以及切割异形工件、开槽、修整等场合应用较广。因此手工锯切是钳工需要掌握的基本操作之一。

1. 常用锯切工具

手锯是锯切工具，由锯弓和锯条两部分组成。锯弓用来夹持和拉紧锯条，其结构有固定式和可调式两种。固定式锯弓的弓架是整体的，只能装一种长度规格的锯条。可调式锯弓的弓架分成前段、后段，由于前段在后段套内可以伸缩，因此可以安装几种长度规格的锯条，故广泛使用的是可调式锯弓，如图 8-9 所示。

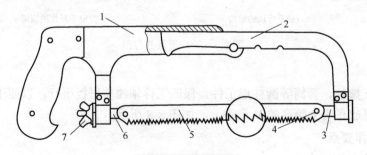

图 8-9　可调式锯弓

1-锯架；2-调整臂；3-固定拉杆；4-销钉；5-锯条；6-活动拉杆；7-调节螺母

锯条由碳素工具钢制成，经淬火处理后硬度较高，锯齿锋利，但易折断。其规格以两端安装孔的间距表示。常用锯条长为 300mm、宽为 12mm、厚为 0.8mm。为了减少锯口两侧面与锯条间的摩擦，并使排屑顺利，锯齿有规律地向左右两面倾斜，形成交错式波浪形排列。

锯齿的粗细是按锯条上每 25mm 长度内齿数表示的，14 齿为粗齿，18～24 齿为中齿，32 齿为细齿。锯齿的粗细也可按齿距 t 的大小来划分：粗齿的齿距 t=1.6mm，中齿的齿距 t=1.2mm，细齿的齿距 t=0.8mm。

锯齿的粗细应根据加工材料的硬度和厚薄来选择。锯切铝、铜等软材料或厚材料时，应选用粗齿锯条，因为软的材料或厚的材料在锯切时，锯屑较多，要求有较大的容屑空间。锯切硬钢、薄板及薄壁管子时，应该选用细齿锯条，因为锯切硬材料时锯齿不易切入，锯屑量少，不需要太大的容屑空间，锯薄材料时，锯齿易被工件勾住而崩断，需要同时工作的齿数多，使锯齿承受的力量减少。锯切软钢、铸铁及中等厚度的工件则多用中齿锯条。

2. 锯切的基本操作

1) 锯条的安装

根据工件材料及厚度选择合适的锯条，安装在锯弓上。手锯是向前推时进行切割，在向后返回时不起切削作用，因此安装锯条时应锯齿向前；锯条的松紧要适当，太紧失去了应有的弹性，锯条容易崩断；太松会使锯条扭曲，锯缝歪斜，锯条也容易崩断。图 8-10 所示为锯条的安装方向。

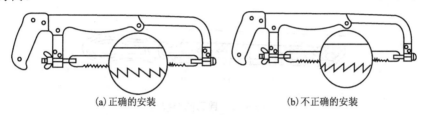

(a)正确的安装　　　　　　　　(b)不正确的安装

图 8-10　锯条的安装方向

2) 工件的安装

工件的夹持要牢固，不可有抖动，以防锯割时工件移动而使锯条折断，工件应尽可能安装在台虎钳的左边，以便操作。工件伸出钳口不应过长，防止锯切时产生振动。工件要夹紧，并应防止变形和夹坏已加工表面。

3) 起锯方法

起锯的方式有两种。一种是从工件远离自己的一端起锯，如图 8-11(a)所示，称为远起锯；另一种是从工件靠近操作者身体的一端起锯，如图 8-11(b)所示，称为近起锯。一般情况下采用远起锯较好。无论用哪一种起锯的方法，起锯角度都不要超过 15°。起锯时用左手大拇指靠住锯条，右手握住锯柄。起锯时，锯弓往复行程要短，压力要小，待锯痕深约 2mm 后，将锯弓逐渐调制水平位置进行正常锯切。

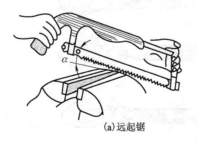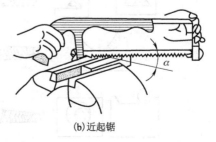

(a)远起锯　　　　　　　　　　(b)近起锯

图 8-11　起锯方法

4)锯切速度和往复长度

锯切速度以每分钟往复 30～60 次为宜。速度过快锯条容易磨钝，反而会降低切削效率；速度太慢，效率不高。锯切时应用锯条全长的 2/3 参与切削工作，以免锯条中间部分迅速磨钝。

8.2.3　锉削

用锉刀对工件表面进行切削加工，使它达到零件图纸要求的形状、尺寸和表面粗糙度，这种加工方法称为锉削，锉削加工操作简单，但技艺较高，工作范围广，多用于錾削、锯削之后，锉削的最高精度可达 IT7～IT8，表面粗糙度可达 $Ra1.6～0.8\mu m$。

锉削的应用范围很广，可以锉削平面、曲面、内外圆弧面以及对其他复杂的表面进行加工。还可以配键、做样板、修整个别零件的几何形状等。锉削是钳工主要操作方法之一。

1. 锉刀及其使用

1)锉刀的结构

锉刀一般用碳素工具钢制成，如图 8-12 所示，经热处理淬硬后，硬度可达 62～72HRC，目前锉刀已标准化。

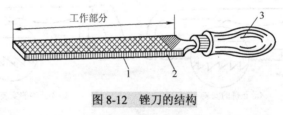

图 8-12　锉刀的结构

1-锉边；2-锉面；3-锉柄

2)锉刀的种类及用途

锉刀按尺寸不同，可分为普通锉刀、什锦锉刀和特种锉刀 3 种。普通锉刀的形状和用途如图 8-13 所示。

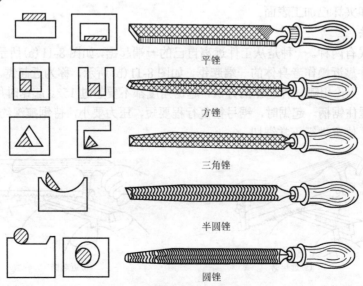

平锉

方锉

三角锉

半圆锉

圆锉

图 8-13　普通锉刀的形状及用途

锉刀的大小以工作部分长度表示，可分为 100mm、150mm、200mm、250mm、300mm、350mm、400mm 等 7 种。

锉刀按每 10mm 锉面上齿数的多少可分为粗锉刀(4~12 齿)、细锉刀(13~24 齿)和光锉刀(30~40 齿)3 种。粗锉刀适于粗加工或锉削铜和铝等软金属；细锉刀多用于锉削钢材和铸铁；光锉刀又称为油光锉，只适用于最后修光表面。

2. 锉削的基本操作

1)装夹工件

工件必须牢固地夹在虎钳钳口的中部，需锉削的表面略高于钳口，不能高得太多，夹持已加工表面时，应在钳口与工件之间垫以铜片或铝片。

2)锉削刀的运用

锉削时锉刀的平直运动是锉削的关键，若锉刀运动不平直，工件中间就会凸起或产生鼓形面。锉削的力有水平推力和垂直压力两种，推动主要由右手控制，其大小必须大于锉削阻力才能锉去切屑，压力是由两只手控制的，其作用是使锉齿深入金属表面。锉削速度一般为每分钟 30~60 次。太快，操作者容易疲劳，且锉齿易磨钝；太慢，切削效率低。

3)平面锉削操作

平面锉削的方法常用的有 3 种：交锉法、顺锉法、推锉法，如图 8-14 所示。

(1)交锉法：如图 8-14(a)所示，锉刀以两个方向交叉的顺序依次对工件表面进行锉削。交锉法去屑快、效率高，可根据锉痕判断锉削表面的平整情况，因此常用于平面的粗锉。

(2)顺锉法：如图 8-14(b)所示，锉刀顺着刀的轴线方向前后移动地锉削。顺锉法可以得到比较平直、光洁的工件表面，比较美观。常用于工件锉光、锉平或锉顺锉纹，因此顺锉适用于平面的精锉。

(3)推锉法：如图 8-14(c)所示，两手横握锉刀，垂直于锉刀的轴线方向前后推锉。推锉法常用于工件上较窄的表面的精锉以及不能用顺锉法加工的场合。

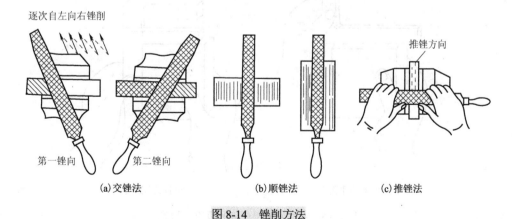

(a)交锉法 (b)顺锉法 (c)推锉法

图 8-14 锉削方法

4)外曲面锉削操作

外曲面锉削时常用滚锉法和横锉法。滚锉法是用平锉刀顺圆弧面向前推进，同时锉刀绕圆弧面中心摆动，如图 8-15(a)所示。横锉法是用平锉刀沿圆弧面的横向进行锉削，如图 8-15(b)所示。当工件的加工余量较大时常采用横锉法。

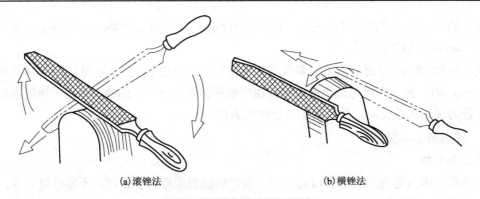

(a)滚锉法　　　　　　　　　　(b)横锉法

图 8-15　外曲面的锉削方法

3. 常见锉削缺陷与质量检查

1)锉削质量问题

常见锉削质量问题主要有两类。一类是锉削表面的尺寸或形状位置误差；产生的主要原因是锉削技术不熟练，两手用力不平衡，只有多练习才能提高。另一类是锉痕粗糙，表面出现异常的深沟、拉伤，导致表面粗糙度不合格。产生的原因是锉刀粗细选用不当，没有及时清理锉刀表面的锉屑。

2)锉削平面质量检验

(1)检查平面的直线度和平面度：用钢尺和直角尺以透光法来检查，要多检查几个部位并进行对角线检查，如图 8-16(a)所示。

(2)检查垂直度：用直角尺采用透光法检查，应选择基准面，然后对其他面进行检查，如图 8-16(b)所示。

(3)检查尺寸：根据尺寸精度用钢尺和游标尺在不同尺寸位置上多测量几次。

(4)检查表面粗糙度：一般用眼睛观察即可，也可用表面粗糙度样板进行对照检查。

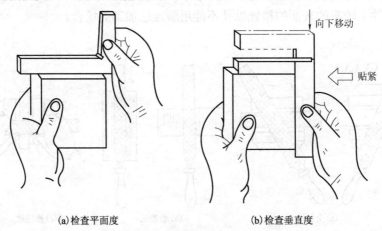

(a)检查平面度　　　　　　　　　　(b)检查垂直度

图 8-16　锉削表面平面度和垂直度检查

8.2.4　攻螺纹和套螺纹

常用的角螺纹除采用机械加工外，还可以用钳工加工方法中的攻螺纹和套螺纹来获得。攻螺纹(亦称攻丝)是用丝锥在工件内圆柱面上加工出内螺纹；套螺纹(亦称套丝、套扣)是用板牙在圆柱杆上加工外螺纹。

1. 攻螺纹

1) 丝锥及铰杠

（1）丝锥。

丝锥是用来加工较小直径内螺纹的成形刀具，一般选用合金工具钢 9SiGr 制成，并经热处理淬硬。由工作部分和柄部组成，柄部为方头，其作用是与铰杠相配合并传递扭矩。工作部分的前部为切削部分，有切削锥度，使切削负荷分布在几个刀齿上，也使丝锥容易切入工件；工作部分的后部为修正部分，起修光和引导作用，如图 8-17 所示。

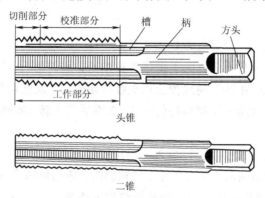

图 8-17　丝锥

一套丝锥一般由 3 只组成，分别称为头锥、二锥和三锥。在 M6～M24 的范围内一套丝锥由 2 只组成，分为头锥和二锥。M6 以下及 M24 以上一套有 3 支，即头锥、二锥和三锥。一套丝锥中各丝锥的大径、中径和小径均相等，只是切削部分的长短和锥角不同，头锥切削部分较长，锥角较小，约有 6 个不完整的齿以便切入，二锥切削部分较短，锥角较大，约有 2 个不完整的齿。

（2）铰杠。

铰杠是夹持丝锥的工具，如图 8-18 所示。铰杠有固定式和可调式两种，常用的是可调式铰杠，其方孔大小可以调节，以便夹持不同尺寸的丝锥。铰杠的长度应根据丝锥尺寸大小进行选择，以便控制攻螺纹时的扭矩，防止丝锥因施力不当而扭断。

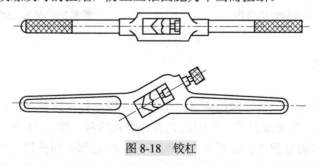

图 8-18　铰杠

2) 螺纹底孔直径和深度的确定

攻螺纹时，丝锥除了切削金属以外，还会挤压金属。材料的塑性越大，挤压作用越显著。因此螺纹底孔的直径必须大于螺纹标准中规定的螺纹内径。确定螺纹底孔的直径可用查表法（见有关手册），亦可用下列经验公式计算：

（1）钢件及其他塑性材料：　　　　　$D = d - P$

（2）铸铁及其他脆性材料：　　　　　$D = d - 1.1P$

式中，D 是螺纹底孔直径(mm)；d 是螺纹大径(mm)；P 是螺距(mm)。

在盲孔中攻螺纹时，丝锥不能攻到底，底孔的深度要大于螺纹长度，因此螺纹底孔的深度可按下列公式计算：

$$钻孔深度＝螺纹长度+d$$

3)孔口倒角

攻螺纹前要在钻孔的孔口进行倒角，以利于丝锥的定位和切入。倒角的深度大于螺纹的螺距。

4)攻螺纹操作实例

(1)将螺纹底孔口倒角，以便丝锥切入工件。

(2)将头锥垂直放入工件孔内，两手握住铰杠中部，均匀用力，轻压铰杠使旋入1～2圈，如图8-19所示。用目测或用90°角尺校正后继续轻压旋入。丝锥切削部分全部切入工件底孔后，两手握住铰杠两端转动丝锥，丝锥每转过1～2圈后应反转1/4圈，以便于断屑，如图8-20所示。

(3)头锥攻完退出后，用手将二锥旋入，再用铰杠不加压力旋入，直至完毕。

(4)攻螺纹时，应加切削液。攻钢件等塑性材料时，应用机油润滑；攻铸件等脆性材料时，应用煤油润滑。这样可延长丝锥寿命，提高螺纹加工质量。

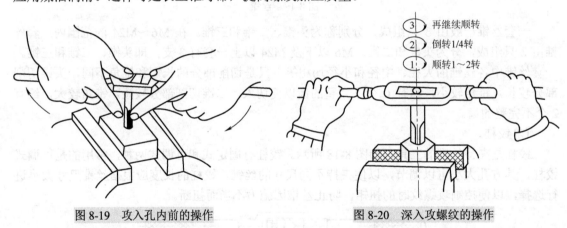

图 8-19 攻入孔内前的操作　　　　图 8-20 深入攻螺纹的操作

2. 套螺纹

1)板牙和板牙架

(1)板牙。

板牙是加工外螺纹的刀具，常用合金钢制成，并经热处理淬硬。其形状像圆螺母，上面钻有 4～5 个排屑孔，并形成刀刃，有固定式和开缝式两种，图 8-21 所示为开缝式圆板牙，其螺纹孔的大小可作微量调节。圆板牙由切削部分、校正部分和排屑孔组成。切削部分是圆板牙两端带有 60° 锥度的部分；校正部分是圆板牙的中间部分，它起着修光和导向的作用。圆板牙外有一条 V 形深槽和 4 个锥坑，紧固螺钉通过锥坑将圆板牙固定在板牙架上，并传递力矩，V 形深槽用于微调螺纹直径。

(2)板牙架。

圆板牙是装在板牙架上使用的，如图 8-22 所示。板牙架是夹持板牙、传递扭矩的工具。不同外径的板牙应选用不同的板牙架。

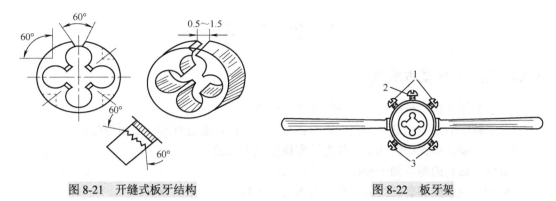

图 8-21　开缝式板牙结构　　　　　　　图 8-22　板牙架

1-撑开板牙螺钉；2-调整板牙螺钉；3-固定板牙螺钉

2) 套螺纹前圆杆直径的确定

与攻螺纹相同，套螺纹时的切削力，也有挤压金属的作用。故套螺纹前必须检查圆桩直径。圆杆直径应稍小于螺纹的公称尺寸，圆杆直径可查表或按经验公式计算，也可用下面的经验公式计算：

$$D = d - 0.2P$$

式中，D 是圆杆直径(mm)；d 是螺纹大径(mm)；P 是螺距(mm)。

3) 套螺纹操作实例

(1) 套螺纹前应将板牙排屑槽内及螺纹内的切屑清除干净，将被套圆杆的端部倒成 60°左右的锥台，如图 8-23(a) 所示，使圆板牙便于对准中心和切入。

(2) 夹紧圆杆，在满足套螺纹长度要求的前提下，圆杆伸出钳口的长度应尽量短。为了不损伤已加工表面，可在钳口和工件之间垫铜皮或硬木块。

(3) 将圆板牙垂直放至圆杆顶部，施加压力缓慢转动，套入 3～4 牙以后，只转动不再施加压力，但要经常反转，以便断屑，如图 8-23(b) 所示。

(4) 在套螺纹的过程中，应加切削液润滑，以提高螺纹加工质量、延长圆板牙寿命。

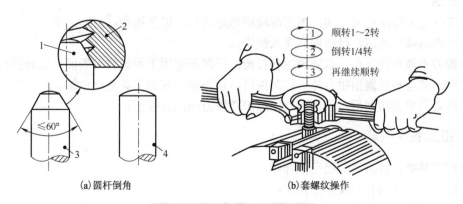

(a) 圆杆倒角　　　　　　　　　　　(b) 套螺纹操作

图 8-23　圆杆倒角和套螺纹操作

1-工件；2-板牙；3-倒角圆杆；4-未倒角圆杆

8.3　钳工实训

8.3.1　钳工教学基本要求

(1)了解钳工在机械制造及设备维修中的作用；

(2)了解平面划线的基本知识，正确使用划线工具，能进行基本平面划线；

(3)学习锯切和挫削的基本操作方法和操作技术要求；

(4)学习钻孔的基本知识和操作技术要求；

(5)学习攻螺纹和套螺纹的应用、基本工艺过程及所用工夹量具；

(6)熟悉并严格遵守钳工安全操作规程。

8.3.2　钳工安全技术操作规程

1.　钳工总体要求

(1)钳台应放在光线充足、便于工作的地方；

(2)工作场地要保持整洁，工具应按一定顺序摆放在钳台上，不能伸出钳台边；

(3)量具不能与工具或工件混放在一起，常用工具和量具应摆放在工位附近，不用时应放入工具箱。

2.　划线

(1)划线前应除去毛坯表面的型砂、氧化皮、毛刺、飞边等；

(2)工件支撑应稳固，正确使用划线工具。

3.　锯切

(1)工件夹持要牢固，锯条松紧应合适且不能歪斜和扭曲；

(2)起锯要正确，用力要均匀，以防锯条折断，经常检查锯缝，保证锯切质量；

(3)工件快锯断时用力要轻，一般用左手扶住工件要断的部分，以免落下伤脚。

4.　锉削

(1)工件要夹持在虎钳中间，加工部位应靠近钳口，以免振动；

(2)不准用嘴吹锉屑，以防锉屑飞入眼中；

(3)锉刀不能粘油、水，以防锈蚀和打滑。同时不能用手触摸锉刀表面，以防打滑；

(4)锉刀放置不要露出钳台外，以防掉落，也不要与其他工具重叠放置。

(5)锉刀齿塞积切削后，应用钢丝刷顺着锉纹方向刷去锉削；

8.3.3　钳工教学内容

(1)钳工种类、特点及应用范围介绍；

(2)钳工常用工具介绍及示范操作；

(3)加工样件工艺分析，并示范划线、锯削、锉削、钻孔、套螺纹等基本工艺；

(4)根据课堂要求，领取毛坯，按规定工艺过程完成零件的加工，一人一工位一工件；

(5)制作完成以后由指导教师检验检验零件加工质量，合格后，整理工位工具，打扫卫生，最后教师点评工件、打成绩后学生方可下课。

第三篇 现代制造技术

第9章 数控加工

9.1 数控加工概述

数控(Numerical Control)技术是 20 世纪 40 年代后期发展起来,用数字化的信息实现加工自动化的一种控制技术,它综合了计算机、自动控制、电动机、电气传动、测量、监控和机械制造等学科的内容,该技术广泛应用在机械制造业中。

1. 数控机床的组成

计算机数控(Computerized Numerical Control,CNC)是指用计算机实现部分或全部的数控功能。采用数控技术的自动控制系统为数控系统,采用计算机数控技术的自动控制系统为计算机数控系统,其被控对象为生产过程中的设备。如果被控对象是机床,则称为数控机床。现代数控机床综合应用了微电子技术、计算机技术、精密检测技术、伺服驱动技术以及精密机械技术等多方面的最新成果,是典型的机电一体化产品。

目前,在机械制造行业中,单件、小批量的生产,所占有的比例越来越大,机械产品的精度和质量也在不断地提高。普通机床难以满足加工精密零件的需要。同时,由于生产水平的提高,数控机床的价格在不断下降。因此,数控机床在机械行业中的使用已很普遍。

现代数控机床主要由数控装置、伺服驱动系统、辅助装置和机床本体组成,如图 9-1 所示。

2. 数控机床的工作原理

如图 9-1 所示,将事先编写好的零件加工程序通过数控机床操作面板手工输入,也可由计算机串行通信接口或 U 盘接口直接传输至机床数控系统中。数控装置内的计算机对数据进行运算和处理,向主轴驱动单元和控制各进给轴的伺服装置发出指令。伺服装置向控制各个进给方向的伺服(步进)电动机发出电脉冲信号。主轴单元驱动电动机带动刀具旋转,进给伺服(步进)电动机带动滚珠丝杠使机床的工作台沿各轴方向移动,从而完成刀具对工件的加工。

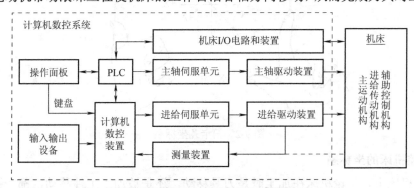

图 9-1 数控机床组成及工作原理图

3. 数控加工的特点

数控加工与传统机械加工有很多不同之处，主要具有以下特点，如表 9-1 所示。

表 9-1　数控加工与传统机械加工对比

	数控加工	传统机械加工
工艺工序	工艺要求更严密，工序相对集中	操作工人根据情况可以比较自由地调整工艺，通常做单工序加工
质量	依靠机床本身来完成加工，受人为因素影响小，加工质量稳定，产品合格率高	依靠操作工人的技术熟练程度，受人为因素影响较大
生产效率	自动化程度高，劳动强度低，生产效率高	依靠工人熟练程度，劳动强度大，生产效率相对较低
复杂型面的加工	采用多坐标轴联动可轻松实现	使用靠模、样板等专用工艺装备，无法加工过于复杂的型面
成本价格	设备及日常维护成本高，一次性投入较大	相对数控设备较低

9.2　数控机床编程基础

9.2.1　数控机床的坐标系

为了简化编制程序的方法和保证记录数据的互换性。对数控机床的坐标和方向的命名，国际上很早就制定有统一标准，我国于 1982 年制定了 JB 3051—1982《数控机床坐标和运动方向的命名》标准。

1. 坐标系

在标准中统一规定采用笛卡儿坐标系。用 X，Y，Z 表示直线进给坐标轴，X，Y，Z 坐标轴的相互关系由右手法则决定。

大拇指的指向为 X 轴的正向，食指指向为 Y 轴的正方向，中指指向为 Z 轴的正方向。围绕 X，Y，Z 轴旋转的圆周进给坐标轴分别用 A，B，C 表示，根据右手螺旋定则，以大拇指指向+X，+Y，+Z 方向，则食指、中指等的指向是圆周进给运动的+A，+B，+C 方向，如图 9-2 所示。

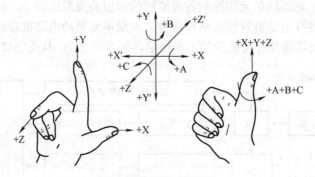

图 9-2　笛卡儿坐标系

2. 数控机床的坐标系

在数控机床上，不论机床在加工时是刀具移动，还是被加工工件移动，都一律假定被加工工件相对静止不动，而刀具在移动，并规定刀具远离工件的方向作为坐标的正方向。

Z 坐标的运动方向是由传递切削动力的主轴所决定的,即平行于主轴轴线的坐标轴即为 Z 坐标, Z 坐标的正向为刀具离开工件的方向。X 坐标平行于工件的装夹平面,一般在水平面内。确定 X 轴的方向时,要考虑两种情况:如果工件做旋转运动,则刀具离开工件的方向为 X 坐标的正方向;如果刀具做旋转运动,则分为两种情况:Z 坐标水平时,观察者沿刀具主轴向工件看时,+X 运动方向指向右方;Z 坐标垂直时,观察者面对刀具主轴向立柱看时,+X 运动方向指向右方。在确定 X、Z 坐标的正方向后,可以用根据 X、Z 坐标的方向,按照右手直角坐标系来确定 Y 坐标的方向,如图 9-3 所示。

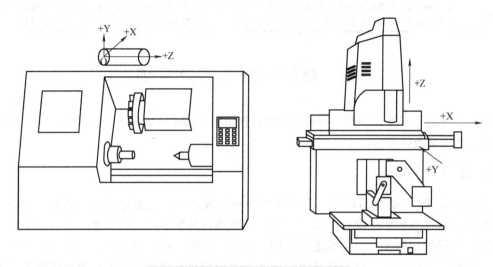

图 9-3 数控机床的坐标轴及其运动方向

3. 数控机床坐标系分类

1)机床坐标系

机床坐标系是机床固有的坐标系,由生产厂家在设计制造机床时确定。机床坐标系的原点也称为机床原点或机床零点,在机床经过设计制造和调整后这个原点便被确定下来,它是固定的点。

2)工件坐标系

工件坐标系是编程人员在编程时使用的,编程人员根据加工工艺选择工件上的某一已知点为原点,称为编程原点或工件原点。工件坐标系一旦建立便一直有效,直到被新的工件坐标系所取代。

工件坐标系的选择原则:要尽量满足编程简单、尺寸换算少、引起的加工误差小等条件,一般情况下以坐标式尺寸标注的零件,编程原点应选在尺寸标注的基准点;对称零件或以同心圆为主的零件,编程原点应选在对称中心线或圆心上;Z 轴的程序原点通常选在工件的上表面。

9.2.2 数控编程

1. 数控编程步骤

一般来讲,数控编程的过程包括:分析零件图样、工艺处理、数值计算、编写加工程序单、制作控制介质、程序校验和首件试加工。

2. 数控加工程序的编制方法

现在的数控程序编制方法主要分为手工编程和自动编程两种，如表 9-2 所示。

表 9-2　数控编程方法

	生成方式	特点
手工编程	从零件图纸分析、工艺处理、数值计算、编写程序单，直到程序校核等各步骤工作均由人工完成	方法简单，容易掌握，适应性强，是编制加工程序的基础，也是机床现场加工调试的主要方法，技术人员必须掌握
自动编程	利用通用计算机和相应前置、后置处理软件，对工件源程序或 CAD 图形进行处理，以得到加工程序	自动化程度高，可生成手工编程无法完成的复杂型面、型腔的数控加工程序，主流为 CAD/CAM 系统

9.3　数控车削加工及实训

数控车削是车削加工中的一种重要方法，在机械制造中有着极为广泛的应用，完成数控车削的机床就是数控车床。

9.3.1　数控车削概述

数控车床(图 9-4)是目前使用最广泛的数控机床之一，主要用于加工轴类、盘类等回转体零件。通过数控加工程序的运行，可自动完成内外圆柱面、圆锥面、成形表面、螺纹和端面等形状的切削加工，并能进行车槽、钻孔、扩孔、铰孔等工作。车削中心可在一次装夹中完成更多的加工工序，提高加工精度和生产效率，特别适合于复杂形状回转类零件的加工。

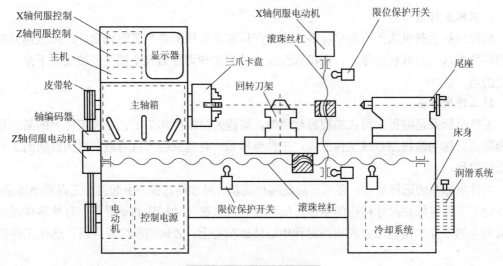

图 9-4　数控车床结构简图

数控车床由数控系统与机床本体组成，与普通车床的结构、加工对象及工艺有着很大的相似之处，但由于数控系统的存在，也有着很大的区别，如表 9-3 所示。

表 9-3　数控车床与普通车床区别

比较内容	数控车床	普通车床
电动机	共有四台电动机,分为:一台主轴电动机、两台伺服电动机、一台刀架驱动电动机	只有一台主电动机
机床运动	主运动和进给传动分离,主轴运动由主轴电动机带动,两个进给方向运动分别由两台伺服电动机驱动,各电动机既可单独运动,也可实现多轴联动	主电动机通过进给箱、主轴箱内的一系列齿轮、丝杠来带动主轴旋转和两个方向的进给运动
机床结构	机床传动链短,不必使用挂轮、光杠等传动部件,传动简单可靠	传动机构较复杂
换刀	采用自动回转刀架,在加工过程中可自动换刀,连续完成多道工序的加工	手工转动刀架换刀
加工精度	采用滚珠丝杠副、高精度轴承,加工精度和稳定性大大优于普通车床	采用普通丝杠,精度和稳定性低于数控车床

9.3.2　数控车编程基础

1. 工件坐标系和直径编程

数控车床是以其主轴轴线方向为 Z 轴方向,刀具远离工件的方向为 Z 轴正方向。X 坐标的方向是在工件的径向上,且平行于横向拖板,刀具离开工件旋转中心的方向为 X 轴正方向。工件原点(即编程原点)是编程人员设定的点。设定的依据是:既要符合图样尺寸的标注习惯,又要便于编程。在实训中,工件坐标系原点设置在数控车床主轴线与工件右端面的交点处。

数控车床加工的是回转体类零件,其 X 轴(横向坐标轴)方向为圆形,所以尺寸有直径指定和半径指定两种方法。在实训中使用的是直径值编程方式,如图 9-5 所示,直径编程法编辑其程序语句如下。

直径编程:G00　X60　Z20

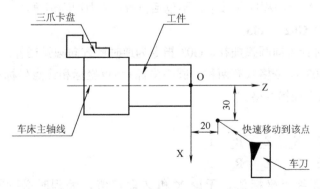

图 9-5　数控车床工件坐标系示意图

2. 数控车削常用编程指令

1)设置编程方式 G90、G91

数控车削编程中有绝对方式和增量方式两种编程方式,实训时使用绝对方式编程。

G90 为绝对编程设置指令,给出刀具运动的终点在坐标系中的坐标值。

G91 为增量编程设置指令，给出刀具运动的位移增量。

2)快速定位指令 G00

G00 指令使刀具从当前位置快速直线移动到指定位置，其速度由系统参数设定。

格式：G00 X_ Z_   或 G00 X_   或 G00 Z_

其中，X、Z 是终点坐标值。

3)直线插补指令 G01

G01 指令实现直线和斜线插补，由 F 代码设定刀具的进给速度。

格式：G01 X_ Z_ F_   或 G01 X_ F_   或 G01 Z_ F_

F 代码设定刀具进给速度，实训时使用的速度范围为 1~300mm/min。

图 9-6 所示为一简单图形，其指令如下。

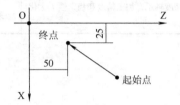

图 9-6　G00、G01 绝对坐标编程

快速定位程序语句为：G90 G00 X50 Z50

直线插补程序语句为：G90 G01 X50 Z50 F150(进给速度为 150mm/min)

4)外圆粗车循环 G71

G71 为复合循环切削指令，编程时只需给出精加工形状的轨迹，数控车系统可以自动决定中途粗车的刀具路径。

格式：G71 X_ I_ K_ L_ F_

其中，X 为精加工轮廓起点的 X 轴坐标值；I 为 X 轴方向每次进刀量；K 为 X 轴方向每次退刀量；L 为描述最终轨迹的程序段数量，不包括自身；F 为切削速度。

5)圆弧插补指令 G02、G03

G02 指令为顺时针方向圆弧插补，G03 指令为逆时针方向圆弧插补。G02 和 G03 均能自动过象限。G02、G03 指令格式有两种，圆心坐标+终点坐标和终点坐标+圆弧半径，实训时使用终点坐标+圆弧半径指令格式。

格式：

顺圆插补　G02 X_ Z_ R_ F_

逆圆插补　G03 X_ Z_ R_ F_

其中，X、Z 为圆弧终点坐标值，无论 X 和 Z 取何值，编程时必须输入；R 为圆弧半径值。

如图 9-7 所示的指令如下。

圆弧 1 插补语句为：G02 X20 Z-15 R10 F150

圆弧 2 插补语句为：G03 X30 Z12 R12 F150

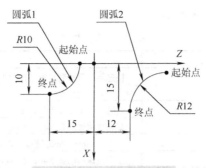

图 9-7 G02、G03 编程实例

6）刀具功能指令 T

加工一个工件常需要几把不同的刀具，实训用数控车床使用 4 工位电动刀架。由于安装误差或磨损，每把刀处于切削位置时的位置均不相同。为了编程不受上述因素的影响，设置了换刀及刀具补偿功能。

格式：T a b

其中，a 表示需要的刀具号，范围为 1~4；b 表示刀具补偿的数据的编号。

在一般情况下，刀具号与刀具偏置补偿代号相同，即 T11、T22，T33、T44，以保证换刀偏置补偿量的正确。而在某些特殊情况下，可以使用与刀具号不相同的刀具偏置补偿代号，如进行特殊的补偿或仅对某一把刀进行微调等。

7）主轴启动控制指令 M03

格式：M03 S a

其中，S 为主轴速度控制指令；实训数控车床主轴使用变频电动机，a 为电动机挡位。例如，执行 M03 S1 指令，系统使主轴以电动机 1 挡速度正转，S1 为高挡速，S2 为低挡速。

8）程序结束指令 M30

M30 表示程序结束，主轴停止，关闭冷却液，返回第一段程序等待。

3．实训程序实例

毛坯为直径 40mm 棒料，使用外圆车刀 T1，厚度为 2.5mm 的切断车刀 T2，工件图形如图 9-8 所示。

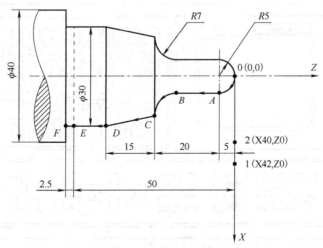

图 9-8 数控车工件示意图

数控车削加工程序如表 9-4 所示。

表 9-4　实训程序

	程序内容	注释
	G00　X100　Z100;	快速将刀具移到远离工件的 X100、Z100 位置,防止下一步换 1 号刀时,刀具撞到工件
	T11　M03　S1;	使用 1 号车刀和 1 号刀偏量,主轴以 1 挡位正转
	G00　X42　Z0;	车刀快速移动到 X42、Z0 点,即图中 1 点
	G01　X0　Z0　F100;	车刀以 100mm/min 速度,直线移动到 O 点
	G00　X40　Z0;	车刀快速移动到 X40、Z0 点,即图中 2 点
	G71　X0　I4　K1　L6　F100;	从当前位置开始,循环调用接下来的 6 段程序,每次 X 轴进刀 4mm,X 轴退刀 1mm,进给速度为 100mm/min,最终进给到 X 坐标值为 0
G71 指令调用的程序段	G01　X0　Z0　F100;	车刀以 100mm/min 速度,直线移动到 O 点
	G02　X10　Z-5　R5　F50;	车刀以 50mm/min 速度,以顺时针方向,走 R5 圆弧轨迹,从 O 点移动到 A 点
	G01　X10　Z-18　F100;	车刀以 100mm/min 速度,直线移动,从 A 点到 B 点
	G03　X24　Z-25　R7　F50;	车刀以 50mm/min 速度,以逆时针方向,走 R7 圆弧轨迹,从 B 点移动到 C 点
	G01　X30　Z-40　F100;	车刀以 100mm/min 速度,直线移动,从 C 点到 D 点
	G01　X30　Z-52.5　F100;	车刀以 100mm/min 速度,直线移动,从 D 点到 F 点
	G00　X100　Z100;	车刀快速移动到远离工件的 X100、Z100 位置
	T22;	刀架换 2 号刀,使用 2 号刀偏量,2 号刀为切断刀
	G00　X42　Z-52.5;	车刀快速移动到 X42、Z-52.5 位置
	G01　X0　Z-52.5　F50;	车刀以 50mm/min 速度,直线移动到 X0、Z-52.5 位置、将工件从棒料上切下来
	G00　X100　Z-52.5;	车刀快速移动到远离工件的 X100、Z-52.5 位置
	G00　X100　Z100;	车刀快速移动到远离工件的 X100、Z100 位置
	M30;	程序结束,主轴停止转动

9.3.3　数控车系统操作面板

实训数控车为 GSK 系统的操作面板如图 9-9 所示。

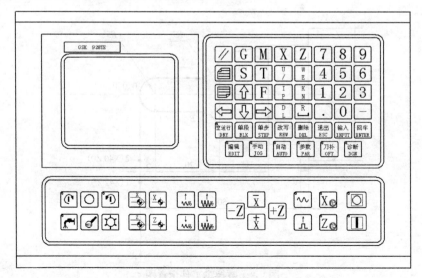

图 9-9　GSK 数控车系统操作面板示意图

操作面板上各个键盘和开关说明如表 9-5 所示。

表 9-5　GSK 数控车系统操作面板常用按键说明

按键	名称	功能
	LCD 显示屏	数控系统的人机对话界面
M X Z 7 8 9 T U/W E 4 5 6 F I/P K/N 1 2 3 D/L R⏎ . 0 −	数字键、字符键	输入各类数字 (0-9)，输入程序字段英文字母
空运行 DRY	空运行键	在自动工作方式中选择空运行方式。程序运行时，机床坐标轴不移动，S、M、T 功能无输出；在编辑工作方式中可将光标直接移到本行行号之后的第一个字符
单段 BLK	单段/连续	在自动工作方式中选择单段/连续的运行方式
编辑 EDIT	编辑键	选择编辑工作方式
手动 JOG	手动键	选择手动工作方式
自动 AUTO	自动键	选择自动工作方式
删除 DEL	删除键	编辑工作方式中删除数字、字母、程序段或整个程序
退出 ESC	退出键	取消当前输入的各类数据或从工作状态退出
输入 INPUT	输入键	输入各类数据或选择需要编辑或运行的程序及建立新用户程序
回车 ENTER	回车键	回车确认
I	循环启动键	自动运行中启动程序，开始自动运行
O	进给保持键	手动或自动运行中电动机减速停止，暂停运行

续表

按键	名称	功能
X轴手轮选择键	X轴手轮选择键	当配置有电子手轮时,选择X轴的移动由电子手轮控制(当手轮控制有效时,与轴运动相关的其他控制键无效)
Z轴手轮选择键	Z轴手轮选择键	当配置有电子手轮时,选择Z轴的移动由电子手轮控制(当手轮控制有效时,与轴运动相关的其他控制键无效)
主轴正转	主轴正转	主轴按逆时针方向转动(从电动机轴向观察)
主轴停止	主轴停止	主轴停止转动
主轴反转	主轴反转	主轴按顺时针方向运转(从电动机轴向观察)
复位键	复位键	系统复位时所有轴运动停止。所有辅助功能输出无效,机床停止运行并呈初始上电状态

9.3.4 数控车实训

1. 教学基本要求

(1)了解数控车床的工作原理、加工特点及应用范围。

(2)了解数控车床的程序编制方法及输入方法。

(3)能初步使用手工编程方法进行简单零件程序编制并加工。

(4)初步掌握数控车床的操作步骤和安全规程。

2. 安全技术操作规程

(1)进行车削实训时,需规范着装,穿工装、平底鞋,袖口扎紧,不得戴围巾、手套进行操作,女同学要戴安全帽,并将长发盘起,压在帽子下面。

(2)切削实习工件前,一定要在机床上不装工件和刀具时,通过空运行检查机床运行是否正常。

(3)操作机床之前,请仔细检查输入的数据。如果使用了不正确的数据,机床可能误动作,有可能引起工件的损坏、机床本身的损坏或造成人员伤害。

(4)确保指定的进给速度与想要进行操作的机床相适应。通常,每一台机床都有最大许可的进给速度。如果没有按正确的速度进行操作,机床可能发生误动作,从而引起工件或机床本身的损坏,甚至造成人员伤害。

(5)当使用刀具补偿功能时,请仔细检查补偿方向和补偿量。使用不正确的数据操作机床,机床可能误动作。从而有可能引起工件或机床本身的损坏,甚至造成人员伤害。

(6)当手动操作机床时,要确认刀具和工件的当前位置并保证正确地指定了运动轴、方向和进给速度。手动方式下,在较大的移动速度下采用手轮进给时,比如选择步长为0.1时(旋转手轮步长有 0.1/0.01/0.001 三种），刀具和工作台会快速移动，可能会产生手轮停止了转动，而刀具和工作台不会立即停止的现象。

3. 实训操作

数控车床的操作步骤按顺序通常为：开机→输入加工程序→模拟仿真→手动对刀→启动程序，切削零件。GSK 数控车系统操作方式如下：

1) 开机

首先合上机床总电源，然后按下数控系统电源开关接通电源，数控系统显示初始画面。在显示过程中，按住 复位 键以外的任意键，将显示本系统使用的软件版本号，松开按键，系统进入当前正常工作方式。

2) 输入加工程序

(1) 在主菜单下按 编辑 键，进入编辑工作状态。

(2) 在零件程序目录检索状态下按 输入 键，从键盘输入两位程序目录清单中不存在的程序号作为新程序号。

(3) 按 回车 键，建立起新程序，系统自动进入程序编辑状态，如图 9-10 所示。

(4) 显示器上会自动显示程序段号"N0000"，通过数字键和字符键输入一行程序内容，按 回车 键结束本行输入。

(5) 系统自动产生下一个程序段顺序号，并继续输入程序内容。

(6) 输入完最后一行程序，按 ESC 键，结束程序内容的输入，并自动保存。

(7) 当程序出现格式错误时，系统会提示错误程序段，需要重回程序中改正程序格式。

图 9-10　程序输入界面

3) 空运行模拟仿真

在编写好加工程序后，可以通过空运行方式观察屏幕上的坐标数据与实际情况是否相符，程序的段与段之间的关系是否正确，以避免程序数据输入错误造成不良后果，如图 9-11 所示。

(1) 按 自动 键，进入自动工作模式，系统将按照当前程序顺序执行程序。

(2) 按 空运行 键，机床在锁住方式和加工运行方式之间切换。在选择机床锁住方式时，空运行 键左上角的状态指示灯亮，坐标值也由黄色变为白色。

(3) 加工程序运行过程中，可以在屏幕上显示程序运行过程中的运行状态及动态运行坐标，实时显示加工零件二维实体图形或刀尖的运行轨迹等，以方便监控机床及程序的运行状态。按 T 键可以在坐标显示和图形显示之间相互切换。此时，系统执行程序，按语句顺序显示刀具运动的图形轨迹，便于操作人员检查程序是否符合工艺要求，有无错误。

(4) 最后按 循环启动 键，系统开始执行程序，进行空运行模拟，出刀具加工轨迹。

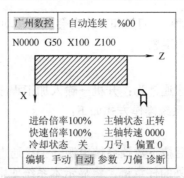

图 9-11　自动运行的刀尖轨迹显示

4）手动对刀

（1）按 手动 键进入手动工作状态，按 空运行 键，解除机床锁住。

（2）使用数字键和字符键，输入"T11"，按 回车 键，将 1 号刀换到工作位置。

（3）按 主轴正转 键，让主轴正转。

（4）先对 Z 轴原点，交替使用 X 轴手轮选择 键和 Z 轴手轮选择 键，摇手轮旋转，将工件端面车平。然后，Z 轴坐标不动，移动 X 轴方向，让车刀退出远离工件。按 K N 键，显示屏上出现"刀偏 Z"，按数字键 0 键，再按 回车 键，显示屏继续出现"刀偏 Z0　T1Z"，再一次按 回车 键，显示屏上的 Z 坐标将变为 0，Z 轴对刀完成。

（5）再对 X 轴，交替使用 X 轴手轮选择 键和 Z 轴手轮选择 键，摇手轮旋转，将工件前段直径方向车一小段台阶。然后，X 轴坐标不动，移动 Z 轴方向，让车刀退出远离工件。按 主轴停止 键，让主轴停止转动。用游标卡尺测量刚才车出来的台阶的直径，并记下数值。按 I P 键，显示屏上出现"刀偏 X"，按数字键输入刚才测量到的台阶直径数值，再按 回车 键，显示屏继续出现"刀偏 Xxx　T1X"，再一次按 回车 键，显示屏上的 X 坐标将变为刚才输入的数值，X 轴对刀完成。

（6）换 2 号刀，重复以上步骤，完成对刀。

5）启动程序，切削零件

（1）按 自动 键，进入自动工作模式。

（2）按 循环启动 键，机床执行加工程序，切削工件。

（3）若加工过程中出现错误应立即按下急停报警键。

6）加工完成后关机

（1）关闭数控系统电源。

（2）关闭机床总电源。

7）收尾

（1）清扫机床卫生，清点工具，评定实训成绩。

（2）经指导老师同意，方可离开。

9.4　数控铣削加工及实训

数控铣削是铣削加工中的一种重要方法，在机械制造中有着极为广泛的应用，完成数控铣削的机床就是数控铣床。

9.4.1　数控铣床概述

数控铣床(图 9-12)是目前使用最广泛的数控机床之一，主要用于加工平面类、直纹面类、空间曲面类的零件。数控铣床可进行三轴联动，进行直线插补和圆弧插补，自动控制旋转的铣刀相对于工件运动进行铣削，用于加工形状复杂、尺寸繁多、划线与检测困难的零件型面。

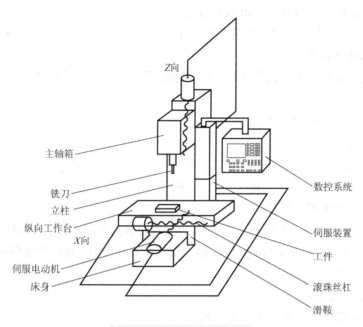

图 9-12　数控铣床结构简图

数控铣床是一种加工功能很强的数控机床，目前迅速发展起来的加工中心、柔性加工单元等都是在数控铣床的基础上产生的，两者都离不开铣削方式。实训使用的是黄山皖南机床有限公司的 XK5030B 数控铣床，数控系统为 GSK990M 数控铣系统。

9.4.2　数控铣编程基础

1. 数控铣床坐标轴方向

数控铣床的机床坐标系统同样遵循笛卡尔坐标系原则，实训使用的是立式数控铣床，其坐标轴方向如图 9-3 所示。

2. 数控铣削常用编程指令

GSK 数控铣系统的编程代码符合 ISO－840 国际标准，为通用指令代码。

3. 准备功能 G 代码

1)工件坐标系设置指令(G53 ~ G57)

用于建立相应工件坐标系，并执行到相应坐标系的 X、Y、Z 坐标位置上。

G53　　　　　　　　选机床坐标系；

G54　X_ Y_ Z_　　选第一个机床坐标系；

G55　X_ Y_ Z_　　选第二个机床坐标系；

G56　X_　Y_　Z_　选第三个机床坐标系；

G57　X_　Y_　Z_　选第四个机床坐标系。

例如：G54　X100　Y100　Z50

表示选择第一个工件坐标系，并运行到第一个工件坐标系的 X=100，Y=100，Z=50 位置。

2)设置编程方式 G90、G91

G90 为绝对编程设置指令，给出刀具运动的终点在坐标系中的坐标值。

G91 为增量编程设置指令，给出刀具运动的位移量。

在 GSK 数控铣系统中，默认为绝对编程方式。

3)快速定位指令 G00

G00 指令使刀具从当前位置快速移动到指定位置，其速度由系统参数设定。

格式：G00　X_　Y_　Z_

其中，X、Y，Z 是终点坐标值。

4)直线插补指令 G01

G01 指令实现直线和斜线插补，由 F 代码设定刀具的进给速度。

格式：G01　X_　Y_　Z_　F_　　　　　　F 代码设定刀具进给速度

5)圆弧插补指令 G02、G03

在指定平面上(默认为 XY 平面)，G02 指令为顺时针方向圆弧插补，G03 指令为逆时针方向圆弧插补。在 GSK 系统中，G02、G03 指令格式有终点坐标+圆心坐标和终点坐标+圆弧半径两种，通常采用第一种。

终点坐标+圆心坐标：

顺圆插补　G02　X_　Y_　I_　J_　F_

逆圆插补　G03　X_　Y_　I_　J_　F_

其中，X、Y 为圆弧终点坐标，无论 X 和 Y 取何值，编程时必须输入；I=X(圆心坐标值)−X(圆弧起点坐标值)；J=Y(圆心坐标值)−Y(圆弧起点坐标值)。

6)辅助功能 M 代码

M00——程序暂停，按运行键继续执行；

M02——程序结束，停止；

M03——主轴顺转启动；

M04——主轴逆转启动；

M05——主轴停止；

M30——关主轴和冷却，程序结束。

9.4.3　数控铣编程及系统操作面板

1. CAXA 制造工程师编程步骤

数控铣床属于三坐标轴联动，所以在数控铣削实训中，使用 CAXA 制造工程师软件进行编程练习，如图 9-13 所示。CAXA 制造工程师是一种简单易学的 CAM 软件，其界面与常用的 Windows 绘图软件相似。需要注意的是使用 CAXA 制造工程师绘图软件，Windows 的输入法应为英文状态。

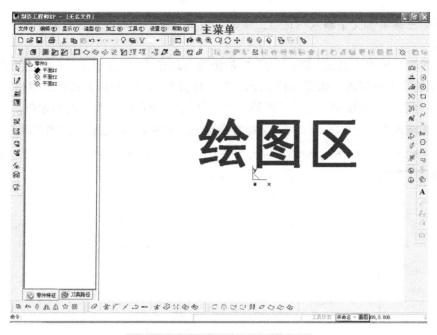

图 9-13　CAXA 制造工程师 XP 界面

(1)使用主菜单"造型"→"曲线生成"→"□矩形",在软件界面的左侧设置矩形的画法和尺寸如图。鼠标左键在绘图区的坐标轴中心上单击,将 50×50 大小的矩形图形放在绘图区中,如图 9-14 所示。

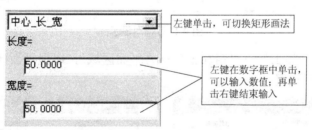

图 9-14　矩形画法、尺寸设置

(2)使用主菜单中"造型"→"A 文字",在绘图区中心坐标左下角位置单击鼠标左键,指定文字插入点,出现文字输入对话框,在其中输入任意一个文字,例如:"大",如图 9-15 所示。

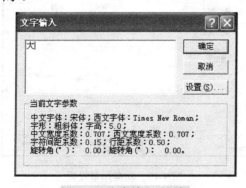

图 9-15　文字输入对话框

图 9-16　字体设置对话框

(3) 鼠标左键单击文字输入对话框上面的"设置"键, 出现字体设置对话框, 如图 9-16 所示设置。

(4) 连续两次单击"确定"键, "大"字的图形出现在绘图区。注意, "大"字图形需要位于之前绘制的矩形框以内, 如图 9-17 所示, 如果位置有偏差, 是因为在第二步指定的文字插入点位置不合适, 可以使用主菜单"编辑"→"取消上次操作", 重新开始绘图。

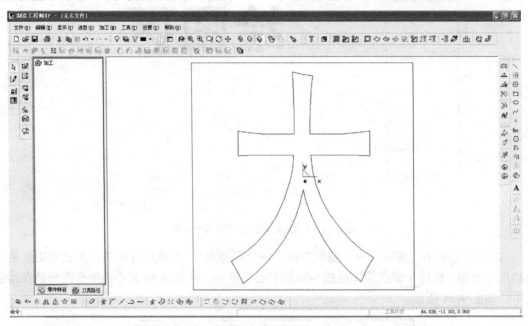

图 9-17　绘图显示

(5) 选择主菜单"加工"→"粗加工"→"平面区域", 出现平面区域加工参数表, 如图 9-18、图 9-19 所示设置。

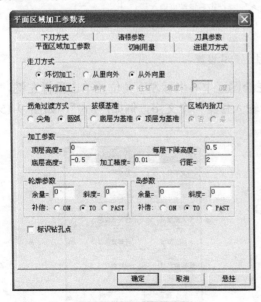

图 9-18　加工参数设置

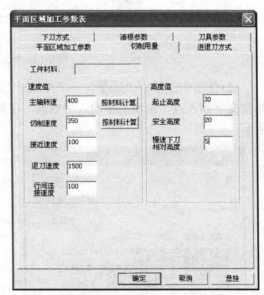

图 9-19　切削用量设置

在"刀具参数"页面，单击"增加刀具"，在图 9-20 所示"刀具定义"定义直径 3mm 的铣刀 D3，单击"确定"按钮将 D3 铣刀增加到刀库中，并回到"刀具参数"页面。

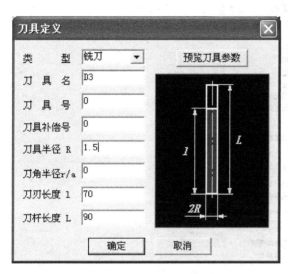

图 9-20　刀具定义

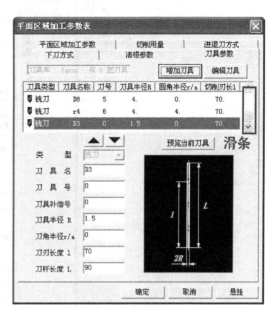

图 9-21　刀具参数设置

在图 9-21 所示"刀具参数"页面上按住鼠标左键拖动滑条，使铣刀 D3 出现在列表中，再左键双击铣刀 D3，将其设定为当前刀具。

其余参数可使用默认，最后单击"确定"按钮，完成设置。

(6) 如图 9-22 所示，在绘图区中，鼠标左键单击，选中图形轮廓，再单击左键，选任意链搜索位置，最后单击鼠标右键，生成刀具轨迹。

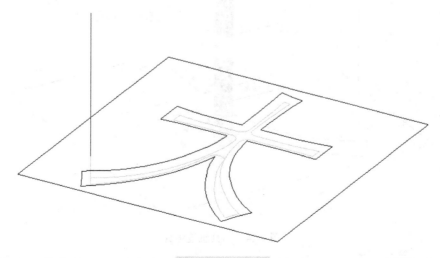

图 9-22　刀具轨迹

(7) 如图 9-23 所示，在软件界面的左侧，选择"刀具路径"页面，从中左键选中刚才生成的刀具轨迹，单击右键，弹出快捷菜单，选择"轨迹仿真"→"线框仿真"。

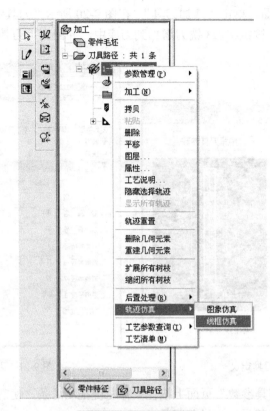

图 9-23　轨迹仿真菜单

单击右键，开始刀具轨迹仿真，如图 9-24 所示。

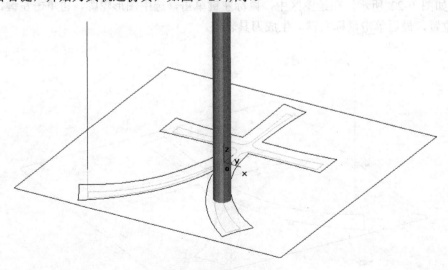

图 9-24　刀具轨迹仿真

(8)选择主菜单"加工"→"后置处理"→"生成 G 代码"，在选择后置文件对话框中，以自己的学号作为文件名，单击"保存"键，生成一个后缀名为"CUT"的文本文件，如图 9-25 所示。

图 9-25　选择后置文件

在绘图区中，鼠标左键单击选中刀具轨迹，再单击鼠标右键确认，最后生成加工程序。

(9)将生成的 CUT 文本文件复制到 U 盘中，准备到机床上进行加工。

2. 数控铣床操作面板

GSK 数控铣系统操作面板如图 9-26 所示。

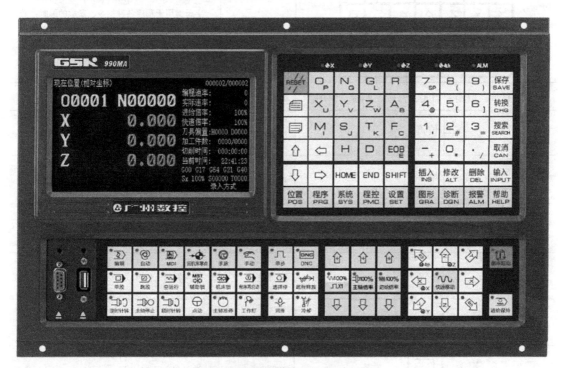

图 9-26　GSK 数控铣系统操作面板

操作面板上各个键盘和开关说明如表 9-6 所示。

表 9-6　GSK 数控系统操作面板常用按键说明

按键	名称	功能用途
●	紧急停止	驱动和电动机立即停止工作并关主轴、冷却液，等待抬键重新复位并初始化
 循环起动	循环启动键	在自动方式、DNC 方式下，按下此键，程序自动运行
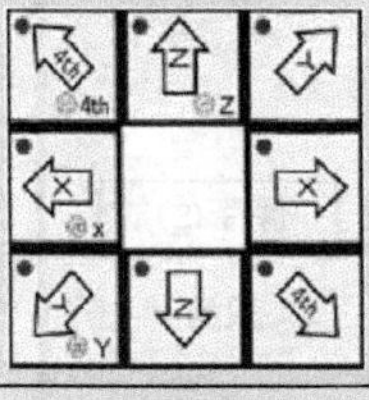 （手动进给键图示）	手动进给键	手动、单步操作方式 X、Y、Z 轴正向/负向移动，轴正向为手轮选轴
 机床锁	机床锁住开关	机床锁打开时指示灯亮，轴动作输出无效，与 空运行键 配合，用于机床模拟加工
 空运行	空运行键	空运行有效时，指示灯亮，与 机床锁住开关 一起使用，用于机床模拟加工
 （字母键数字键图示）	字母键数字键	字母键用于程序各种指令、参数的编制；数字键用于输入加工数据、参数值和子菜单的选择
保存、转换、取消、插入、修改、删除、SHIFT	编辑键	用于程序编辑
 位置 POS	位置键	显示屏显示当前坐标
 程序 PRG	程序键	通过相应软键转换，显示程序、MDI、目录显示页面，目录界面可通过翻页键查看多页程序名
 图形 GRA	图形键	通过相应软键转换，显示图形参数、加工图形，图参进行显示图形中心、大小以及比例设定
 编辑	编辑键	进入编辑工作方式
 自动	自动键	进入自动工作方式
 DNC	DNC 键	进入 DNC 工作方式
 逆时针转　主轴停止　顺时针转	主轴控制键	主轴正转/停止/反转
RESET	复位键	系统复位并初始化

9.4.4　数控铣实训

1. 教学基本要求

(1) 了解数控铣床的工作原理、加工特点和范围。

(2) 初步掌握数控铣床的程序编制方法。

(3) 能初步使用计算机编程方式进行简单零件的程序编制。

(4) 初步掌握数控铣床的操作步骤和安全规程。

2. 安全技术操作规程

(1) 进行铣削实训时，需规范着装，穿工装、平底鞋，袖口扎紧，不得戴围巾、手套进行操作，女同学要戴安全帽，并将长发盘起，压在帽子下面。

(2) 切削实习工件前，在机床上不装工件和刀具时检查机床是否正确运行。

(3) 操作机床之前，请仔细检查输入的数据。如果使用了不正确的数据，机床可能误动作，有可能引起工件的损坏、机床本身的损坏或造成人员伤害。

(4) 确保指定的进给速度与想要进行操作的机床相适应。通常，每一台机床都有最大许可的进给速度。如果没有按正确的速度进行操作，机床可能发生误动作，从而引起工件或机床本身的损坏，甚至造成人员伤害。

(5) 当手动操作机床时，要确认刀具和工件的当前位置并保证正确地指定了运动轴、方向和进给速度。手轮进给在较大的倍率时，比如 100 下旋转手轮，刀具和工作台会快速移动，可能会产生手轮停止转动，而刀具和工作台不会立即停止的现象。大倍率的手轮移动有可能会造成刀具或机床的损坏甚至造成人员伤害。

3. 数控铣床操作步骤

数控铣床的操作步骤与数控车相同，按实训顺序通常为：开机→读取加工程序→启动程序，切削零件。GSK 数控铣系统操作方式如下：

(1) 开机。打开机床电器柜上的总电源开关，在数控系统的副面板上按 电源接通 键，松开 紧急停止 开关，等待 3s 后，按 RESET 键，将系统初始化。

(2) 进入 DNC 工作方式，读取 U 盘中的加工程序。

① 插入 U 盘。

② 按 DNC 键，屏幕下方提示："请在程序目录界面下选择加工文件"，连续按 程序 键进入程序(USB 目录)界面，可以显示 U 盘里面的程序，移动光标选择要加工的程序，按 输入 打开该程序。

③ 按 循环启动 键，开始运行程序，正式开始加工工件。

(3) 加工完成后关机。

① 关闭数控系统电源。

② 关闭机床总电源。

(4) 清扫机床卫生，清点工具，评定实训成绩。

(5) 经指导老师同意，方可离开。

第10章 特种加工

10.1 特种加工概述

随着现代科学技术的高速发展及市场需求的拉动，高、精、尖新产品及各种特殊力学性能的新材料的不断涌现，结构形状复杂的精密零件和高性能难加工材料的零件随之被设计出来，这些设计向传统机械加工工艺提出了新的挑战。要解决机械制造部门面临的一系列工艺问题，仅仅依靠传统的切削加工方法很难实现，甚至根本无法实现，人们相继探索研究新的加工方法，特种加工因此而产生。特种加工的出现和快速发展，在解决工艺新课题中发挥了极大的作用。

特种加工国外亦称"非传统加工"或"非常规机械加工"，是指那些不属于传统加工工艺范畴的加工方法。它不同于使用刀具、磨具等直接利用机械能切除多余材料的传统加工方法，泛指用电能、热能、光能、电化学能、化学能、声能及特殊机械能等能量达到去除或增加材料的加工方法，从而实现材料的去除、变形、改变性能或被镀覆等工艺。主要用于高强度、高硬度、高韧性、高脆性、耐高温等难切削材料，以及精密细小和复杂形状零件的加工。

特种加工具有以下特点：

(1)直接利用电能、光能、声能或几种能量的复合形式去除金属材料。

(2)可加工任何硬的、软的、脆的、耐热或高熔点金属及非金属材料，加工范围不受材料力学性能的限制。

(3)可在加工过程中实现能量转换或组合，复合成新的工艺技术，便于推广应用。

(4)可获得较高尺寸精度及低表面粗糙度。

(5)以柔克刚，加工过程中无明显的机械力，实现"非接触性加工"。

特种加工被广泛应用，常用特种加工方法如表10-1所示有电火花加工、激光加工、快速原型(3D打印)、电化学加工、超声波加工、水加工和化学加工等。实际加工中，常以多种能量同时作为主要特征的复合加工工艺等用在各种复杂型面、微细表面以及柔性零件加工制造中。

表 10-1　常用特种加工方法

特种加工方法		能量来源及形式	作用原理	英文缩写
电火花加工	电火花成形加工	电能、热能	熔化、气化	EDM
	电火花线切割加工	电能、热能	熔化、气化	EDM-D
	电火花线切割加工	电能、热能	熔化、气化	WEDM
	短电弧加工	电能、热能	熔化	
	放电诱导烧蚀加工	电能、化学能、热能	燃烧、熔化、气化	

续表

特种加工方法		能量来源及形式	作用原理	英文缩写
激光加工	激光切割、打孔	光能、热能	熔化、气化	LBM
	激光打标记	光能、热能	熔化、气化	LBM
	激光处理表面改性	光能、热能	熔化、相变	LBT
3D 打印	液相固化法	光、化学能	增材法加工	SLA
	粉末烧结法	光、热能		SLS
	纸片叠层法	光、机械能		LOM
	熔丝堆积法	电、热、机械能		FDM
电化学加工	电解加工	电化学能	金属离子阳极溶解	ECM
	电解磨削	电化学、机械能	阳极溶解、磨削	EGM（ECG）
	电解研磨	电化学、机械能	阳极溶解、研磨	ECH
	电铸	电化学能	金属离子阴极沉积	EFM
超声波加工	切割、打孔、雕刻	声能、机械能	磨料高频撞击	USM
水加工	无沙切割、加沙切割	机械能	高压水射流切割	WJ
化学加工	化学铣削/化学抛光	化学能	腐蚀	CHM/CHP
	光刻	光、化学能	光化学腐蚀	PCM

10.1.1 电火花加工

常见特种加工方法中，又以电火花加工应用最为广泛。电火花加工又称放电加工或电蚀加工（简称 EDM），基于电火花熔蚀原理，利用工具电极和工件电极间脉冲放电时的电腐蚀作用进行加工，从而将金属蚀除。工作过程中，工作液介质电离，形成放电通道，热膨胀并产生电火花，最后抛出电极材料，此过程中能看见火花，故称之为电火花加工。

"电火花加工"方法的发明，使人类首次摆脱了传统的以机械能和切削力并且利用比加工材料硬度高的刀具来去除多余金属的历史，进入了利用电能和热能进行"以柔克刚"加工材料的时代。于是一种本质上区别于传统加工的特种加工便应运而生，并不断获得发展。

电火花加工技术按工艺方法可以分为电火花穿孔加工、型腔加工和电火花线切割加工（见本书 10.3 章节）三类。由于本课程中特种加工实训部分所涉及的教学内容为电火花加工中的电火花线切割加工，在此对电火花加工进行详细阐述。

1. 电火花加工的基本原理

电火花加工原理如图 10-1 所示，加工时，脉冲电源的一极接工具电极（常用石墨或纯铜制成），另一极接工件电极，两极在绝缘体介质靠近并始终保持一很小的放电间隙，极间电压将两极间最近点处的液体介质击穿，产生火花放电，放电区域产生的瞬时高温，使金属局部熔化甚至汽化，形成一个小凹坑。随着周而复始高频率地放电，工具的形状复制到工件上，形成所需的加工表面。

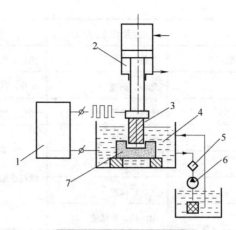

图 10-1　电火花加工原理

1-脉冲电源；2-自动进给调节装置；3-工具；4-工作液；5-过滤器；6-工作液泵；7-工件

2. 电火花加工的特点

(1)利用能量密度很高的脉冲放电进行电蚀，对工具电极材料的硬度没有要求，可加工任何硬、脆、软，韧和高熔点的导电材料，也可加工半导体材料。

(2)电火花加工工具电极和工件不直接接触，作用力小，可加工低刚度的工件、微细结构及各种复杂截面的型孔和型腔，可在极薄的板料或工件上加工。

(3)直接利用电能进行加工，便于实现加工自动化。可根据需要调节脉冲参数，在同一台机床上进行粗加工、半精加工和精加工。

(4)脉冲放电持续时间短，冷却作用好，加工表面的热影响极小，可加工热敏感性很强的材料。

(5)存在电极损耗。

3. 电火花加工的应用范围

1)适合于难切削材料的加工

加工中材料的去除是靠放电时的电热作用实现的，材料的可加工性主要取决于材料的导电性及其热学特性，如熔点、沸点(汽化点)、比热容、热导率、电阻率等，而几乎与其力学性能(硬度、强度等)无关，这样可以突破传统切削加工对刀具的限制，可以实现用软的工具加工硬韧的工件。

2)可以加工特殊及复杂形状的零件

加工中工具电极和工件不直接接触，没有机械加工的切削力，因此适宜加工低刚度工件及微细加工。

3)易于实现加工过程自动化

电火花加工直接利用电能加工，而电能、电参数较机械量易于数字控制、适应控制、智能化控制和无人化操作等。

4)易改善结构的工艺性

可以改进结构设计，改善结构的工艺性，例如可以将拼镶结构的硬质合金冲模改为用电火花加工的整体结构，减少了加工工时和装配工时，延长了使用寿命。

4. 电火花加工的种类

电火花加工技术可以按工艺方法分类(见表 10-2),其中应用最广泛的是电火花穿孔加工、电火花型腔加工和电火花线切割加工。电火花穿孔加工一般是指贯通的二维型孔的加工。可用于加工各种型孔(圆孔、椭圆孔、方孔、多边形孔及各种异型孔等)、小孔(直径为 0.1～1.0mm)和微孔(直径小于 0.1mm)等。广泛应用于冲压加工用的落料、冲孔、拉深模具加工及各种高硬度材料(如金刚石、硬质合金等)的打孔加工中。电火花型腔加工一般是指三维立体型面的加工,主要用于各种截面的直壁盲孔、三维立体型腔及型面的加工。广泛应用于锻模、挤压模、压铸模、塑料模具和玻璃模具的型腔加工中。

表 10-2　电火花加工分类

成形加工	电火花穿孔加工、电火花型腔加工
磨削加工	电火花平面磨削、电火花内外圆磨削、电火花成形磨削
线电极加工	电火花线切割、其他线电极电火花加工
展成加工	共轭回转电火花加工、其他电火花展成加工

5. 电火花数控机床

电火花加工机床如图 10-2 所示,主要由机床本体、脉冲电源、自动进给调节系统、工作液过滤和循环系统等部分组成。机床的结构形式有:龙门式、框形立柱式、台式、滑枕式、悬臂式,便携式等多种结构。

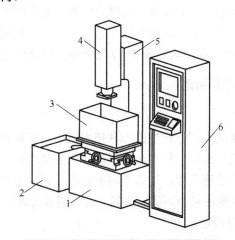

图 10-2　电火花数控机床的结构及组成

1-床身；2-工作液箱；3-工作台及工作液漕；4-主轴头；5-立柱；6-控制柜

1) 床身、立柱及数控轴

床身、立柱是基础结构件,其作用是保证电极与工作台、工件之间的相互位置,立柱上承载的横向(X)、纵向(Y)及垂直方向(Z)轴的运动对加工精度起到至关重要的作用。这种 C 型结构使得机床的稳定性、精度保持性、刚性及承载能力较强。

2) 工作台

固定工作台结构使工件及工作液的重量对加工过程没有影响,加工更加稳定,同时方便大型工件的安装固定及操作者的观察。

工作台用来支承及装夹工件,通过坐标调整找正工件对电极的相对位置。作纵横向移动的工作台一般都带有坐标装置。常用的是靠刻度手轮来调整位置，随着加工精度要求的提高，通常采用光学坐标读数装置、磁尺数显等装置。置于工作台上的工作液箱，加工时容纳工作液，放电蚀除过程在其中进行。

大型机床一般采用固定工作台，固定工作台结构使工件及工作液的重量对加工过程没有影响，加工更加稳定，同时方便大型工件的安装固定及操作者的观察。

3) 主轴头

主轴头是电火花成形加工机床的一个最为关键的部件，可实现上、下方向的 Z 轴运动。它的结构是由伺服进给机构、导向和防扭机构、辅助机构三部分组成。它控制工件与工具电极之间的放电间隙。

主轴头的好坏直接影响加工的工艺指标，如加工效率、几何精度以及表面粗糙度。

4) 工作液循环及过滤系统

工作液循环系统一般包括工作液箱、电动机、泵、过滤器、管道、阀、仪表等。工作液箱可以放入机床内部成为整体，也可以与机床分开，单独放置。对工作液进行强迫循环，是加速电蚀产物的排除、改善极间加工状态的有效手段。

另外，电火花加工机床还包括脉冲电源和自动进给调节系统两个组成部分。

在电火花加工过程中，脉冲电源的作用是把工频正弦交流电流转变成频率较高的单向脉冲电流，向工件和工具电极间的加工间隙提供所需要的放电能量以蚀除金属。脉冲电源的性能直接关系到电火花加工的加工速度、表面质量、加工精度、工具电极损耗等工艺指标。

电火花成形加工的自动进给调节系统主要包含伺服进给系统和参数控制系统。伺服进给系统主要用于控制放电间隙的大小，而参数控制系统主要用于控制电火花成形加工中的各种参数(如放电电流、脉冲宽度、脉冲间隔等)，以便能够获得最佳的加工工艺指标等。

10.1.2　其他常见特种加工简述

1. 激光加工

激光加工是激光束高亮度、高方向性的一种技术应用。其基本原理是把具有足够功率的激光束聚焦后照射到材料适当部位，材料在接受激光照射能量后，在极短时间内便开始将光能转变为热能，被照射部位迅速升温。根据不同的光照参量，材料可以发生气化、熔化使金相组织变化以及产生相当大的热应力，从而达到工件材料被去除、连接、改性和分离的目的。详细内容参见本书第 10.3 节内容。

2. 3D 打印

3D 打印制造技术是将计算机上制作的零件三维模型，进行网格化处理并存储，对其进行分层处理，得到各层截面的二维轮廓信息，按照这些轮廓信息自动生成加工路径，由打印头在控制系统的控制下，选择性地固化或切割一层层的成形材料，形成各个截面轮廓薄片，并逐步顺序叠加成三维坯件，然后进行坯件的后处理，形成零件。

它有别于传统去除材料加工方法，加工时将原材料层层堆积而成零件，实现了增材制造加工，降低了加工难度，提高了加工效率，是时下发展最为快速的加工方法之一。详细内容参见本书 10.4 节部分

3. 电化学加工

电化学加工(Electrochemical Machining，简称 ECM)是指基于电化学作用原理而去除材料

(电化学阳极溶解)或增加材料(电化学阴极沉积)的加工技术。常用的电化学加工有电解加工、电解磨削、电化学抛光、电镀、电刻蚀和电解冶炼等。

4. 超声波加工

超声波是指频率超过人耳频率上限的一种振动波，通常频率在 16kHz 以上的振动声波就属于超声波。超声波加工是利用超声振动，带动工具与工件之间的磨料悬浮液冲击和抛磨工件表面，使其局部材料破碎成粉末，以实现穿孔、切割和研磨等操作的加工方法。它是磨粒在超声波作用下的机械撞击和抛磨作用以及超声波空化作用的综合结果。

5. 水加工

水射流切割又称液体喷射加工，是利用高压高速的水流对工件的冲击作用去除材料的，有时简称水切割，或俗称水刀。采用水或带有添加剂的水，以 500~900m/s 的高速冲击工件进行加工或切割。水经水泵后通过增压器增压，储液蓄能器使脉动的液流平稳。水从孔径为 0.1~0.5mm 的人造蓝宝石喷嘴喷出，直接压射在工件加工部位上。加工深度取决于液压喷射的速度、压力以及压射距离。被水流冲刷下来的“切屑”随着液流排出，入口处束流的功率密度可达到 1000kW/mm^2。

6. 化学加工

化学加工是利用酸、碱或盐的水溶液对工件材料的腐蚀溶解作用以获得所需形状、尺寸或表面状态的工件的特种加工，英文简称 CHM。化学加工使用的腐蚀液成分取决于被加工材料的性质，常用的腐蚀液有硫酸、磷酸、硝酸和三氯化铁等的水溶液，对于铝及其合金则使用氢氧化钠溶液。

10.1.3　特种加工的发展趋势

为满足现代生产制造需求，特种加工的发展方向有所改变：

(1)在加工用途上，现代电火花加工的发展趋势将朝着大力发展计算机数控(CNC)电火花加工技术，积极开展适应控制和加工过程最佳化技术的应用研究。开发适应行星式电火花加工技术。日本发明一种新的电火花成形加工方法，即在加工液中掺入适量的微细硅粉末，或者铝粉、石墨粉等，可以使表面精度提高数倍以上。目前这种加工方法对应的电火花加工机床亦已商品化。今后电火花放电加工技术发展离不开三大趋势，即高速度化、高精度化(包括表面质量)和高自动化。

(2)电解加工一直无法满足高精度零件的精加工要求及电解液对设备的腐蚀严重，在一定程度上限制了电解加工工艺的发展和应用。因此今后电解加工的发展趋势就是进一步拓宽电解加工的应用范围，提高加工精度，降低加工成本，提高生产率，建立电解加工柔性制造系统，开展计算机数控仿形电解加工技术研究，开展理论研究和建立过程模型。例如，脉冲电化学加工。

(3)高能束发展。离子束流加工技术主要发展方向是实现计算机数控自动化、超精密化、经济与高效化。激光束主要发展趋势是向系统化、多功能化、系列化、通用化、小型化和柔性化方向发展。高能束正朝着高精度、大功率、高速度及自动控制与组合化加工方向发展。

10.2　数控线切割加工及实训

在工程训练实训课程中，选用应用广泛的电火花加工中电火花线切割加工作为特种加工典型加工方法实训内容，在此，对电火花线切割加工相关知识作详细阐述。

电火花线切割(Wire Electrical Discharge Machining，简称 WEDM)是电火花加工的一种，是用线状电极靠火花放电对工件进行切割的一种加工方法。可以切割各种冲模和具有直纹面的零件，以及进行下料、截割和窄缝加工。

10.2.1　线切割加工原理

图 10-3 为电火花线切割加工原理图。工作时，由脉冲电源 4 提供能量，工具电极丝 3 和工件之间浇有工作液介质，工件 5 由工作台带动在水平面两个坐标方向各自按预定的控制程序，根据放电间隙状态作伺服进给移动而完成各种所需廓形轨迹。传动轮 7 带动电极丝作正反交替移动，并不断与工件产生放电，从而将工件切割成形。

当切割封闭形孔时，工具电极丝需穿过工件上预加工的小孔，再绕到储丝筒上。

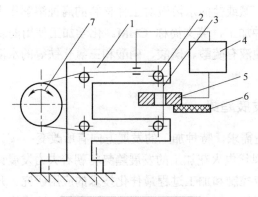

图 10-3　线切割加工原理图

1-支架；2-导向轮；3-工具电极丝(钼丝)；4-脉冲电源；5-工件；6-绝缘底板；7-传动轮

10.2.2　线切割加工的特点

(1)不需要工具电极(成形电极)，准备工作简单。它是利用移动的金属丝(铜丝或钼丝)作电极，对工件进行脉冲火花放电，切割成形的一种工艺方法。

(2)线切割加工是通过电火花放电产生的热来溶解去除金属的，加工材料的硬度不限制，且加工中不存在显著的机械切削力。

(3)可加工硬度大的导电材料，如硬质合金、淬火钢。

(4)采用水或水基工作液，不会引燃起火，更易实现安全无人运转。

(5)电极丝较细，切缝较窄，可加工尖角、窄缝及截面形状复杂的工件，但不能加工盲孔零件或阶梯成形表面。

(6)由于采用移动的长电极丝进行加工，单位长度电极丝的损耗少，加工精度高。低速走丝线切割加工时，电极损耗对加工精度的影响更小。

（7）易于实现微机控制，自动化程度高，操作方便。

10.2.3 线切割机床

1. 线切割机床的分类

1）按走丝速度分类

第一类是高速走丝电火花线切割机床（WEDM-HS），其电极丝作高速往复运动，一般走丝速度为 8～10m/s，是我国生产和使用的主要机种；第二类是低速走丝电火花线切割机床（WEDM-LS），其电极丝作低速单向运动，一般走丝速度低于 0.2m/s，是国外生产和使用的主要机种；第三类中速走丝电火花线切割机床，准确地应该叫"多速走丝"，国内使用较多。

2）按控制方式分类

有靠模仿形控制、光电跟踪控制、数字程序控制及微机控制等，前两种方法已很少采用。

3）按加工特点分类

有大、中、小型，以及普遍的直壁切割型与锥度切割型等。

4）按脉冲电源形式分类

有 RC 电源、晶体管电源、分组脉冲电源及自适应控制电源等，其中 RC 电源现已不使用。

2. 线切割机床的组成

电火花线切割机床主要由机床本体、脉冲电源、数控装置三大部分组成，如图 10-4 所示。

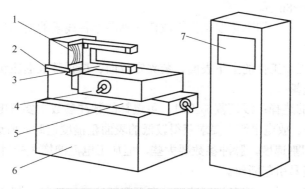

图 10-4 电火花线切割机床结构简图

1-储丝筒；2-走丝溜板；3-丝架；4-上工作台；5-下工作台；6-床身；7-脉冲电源及数控装置

1）机床本体

机床本体由床身、工作台、丝架、走丝机构、工作液循环系统等几部分组成。

丝架支撑电极丝的构件，并使电极丝与工作台平面保持一定的几何角度。通过导轮将电极丝引到工作台上，并通过导电块将高频脉冲电源连接到电极丝上。

走丝机构可分为高速走丝机构和低速走丝机构，主要作用是带动电极丝按一定线速度运动，并将电极丝整齐地卷绕在储丝筒上。

工作液循环系统在加工中不断向电极丝与工件之间充入工作液，迅速恢复绝缘状态，以防止连续的弧光放电，并及时把蚀除下来的金属微粒排除去。工作液还可冷却受热的电极和工件，防止工件变形。

2）脉冲电源

脉冲电源又称高频电源，把 50Hz 交流电转换成高频率的单向脉冲电压供给电火花线切割。脉冲电流的性能好坏将直接影响加工的切割速度、工件的表面粗糙度、加工精度以及电极丝的损耗等。加工时电极丝接脉冲电源负极,工件接正极。

3)数控装置

线切割的数控装置除了对工作台或上丝架的运动进行控制以外,还需要根据放电状态控制电极丝与工件的相对运动速度,以保证正确的放电间隙(0.01mm)。主要功能有轨迹控制和加工控制。轨迹控制是精确地控制电极丝相对于工件的运动轨迹。加工控制是控制伺服进给速度、电源装置、走丝机构、工作液系统等。

3. 线切割加工工艺

1)电极丝的准备

线切割加工使用的电极丝由专门生产厂家生产,可根据具体加工要求选取电极丝的材料和直径。

2)工件的准备

(1)工艺基准　为了便于加工程序编制、工件装夹和线切割加工,依据加工要求和工件形状应预先确定相应的加工基准和装夹校正基准,并尽量和图纸上的设计基准一致。同时,依据加工基准建立工件坐标系,作为加工程序编制的依据。

(2)穿丝孔的准备　线切割加工工件上的内孔时,为保证工件的完整性,必须准备穿丝孔;加工工件外形时,为使余料完整,从而减少因工件变形所造成的误差,也应准备穿丝孔。穿丝孔的直径一般为3~8mm。

(3)切割路线的确定　切割路线是指组成待切割图形各线段的切割顺序,包括确定起始切割点和制定切割路线。

(4)工件的预加工　工件的上下表面、装夹定位面、校正基准面应预先加工好。

3)工艺参数的选择

(1)电脉冲参数的选择:线切割加工时,可选择的脉冲参数主要有电流峰值、脉冲宽度、脉冲间隙、空载电压、放电电流。要求获得较低的表面粗糙度值时,所选用的脉冲参数要小;若要求获得较高的切割速度,脉冲参数要大些,但加工电流的增大受排屑条件及电极丝截面的限制,过大的电流易引起断丝。

(2)工作液的选配:工作液对切割速度、表面粗糙度、加工精度都有较大的影响,加工时必须正确选配。对于高速走丝线切割加工,常用乳化液可参照机床说明书或乳化液使用说明书配置。

(3)工件的装夹:装夹工件时,必须保证工件的切割部位在机床纵、横进给的范围内,同时考虑切割时电极丝的运动空间。

10.2.4　线切割加工的程序编制

1. 3B 程序格式

线切割的程序有多种形式,如 3B、4B、5B、ISO 和 EIA 等,但常用 3B 程序格式编程,其格式如表 10-3 所示,规定面对机床工作台为坐标平面,左右方向为 X 轴且向右为正,前后方向为 Y 轴且向前为正。

表 10-3　3B 程序格式

B	X	B	Y	B	J	G	Z
分隔符号	X 坐标值	分隔符号	Y 坐标值	分隔符号	计数长度	计数方向	加工指令

1)坐标系与坐标值 X、Y 的确定

编程时所采用的是相对坐标系,即坐标系的原点是随着程序段的不同而发生变化的,因为线切割是用来加工平面图形的,所以编程时只有直线和圆弧,但直线包括直线和斜线,圆弧包括整圆和任意角度的圆弧。

(1)加工直线时,要以直线的起点建立工件坐标系原点,X、Y 的值要取终点的坐标值,单位是μm。

(2)加工圆弧时,要以圆弧的圆心建立工件坐标系的原点,X、Y 的值要取圆弧的起点坐标值,单位是μm。

2)计数方向 G 的确定

不管加工直线还是圆弧,计数方向均按终点的位置来确定。

(1)加工直线时,计数方向取与直线终点走向较平行的那个坐标轴。加工与坐标轴成 45°角的线段时,计数方向取 X、Y 轴都可以。

(2)加工圆弧时,终点走向较平行于哪条轴,计数方向就取该轴,终点落到与坐标轴成45°角的线上时,一般在一、三象限取 GX,在二、四象限取 GY。

3)计数长度 J 的确定

计数长度是在计数方向的基础上确定的,计数长度是被加工的直线或圆弧在计数方向的轴上的投影的绝对值的总和,单位也是μm。

4)加工指令 Z 的确定

即轨迹的类型,分为直线 L 与圆弧 R 两大类。直线又按走向和终点所在象限而分为 L1、L2、L3,L4 共 4 种;圆弧又按第一步进入的象限及走向的顺、逆圆而分为顺圆 SR1、SR2、SR3、SR4 及逆圆 NR1、NR2、NR3、NR4 共 8 种,如图 10-5 所示。

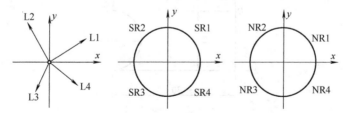

图 10-5　直线加工和圆弧加工指令范围

2. 手工编程

1)直线的编程

(1)把直线的起点作为坐标的原点。把直线的终点坐标值作为 X、Y,均取绝对值,单位为μm,最多为 6 位。因 X、Y 的比值表示直线的斜度,故亦可用公约数将 X、Y 缩小整倍数。

(2)计数长度 J,按计数方向 GX 或 GY 取该直线在 X 轴或 Y 轴上的投影值,即取 X 值或 Y 值,以μm 为单位,最多为 6 位。决定计数长度时,要和计数方向一并考虑。

(3)计数方向的选取原则,应取此程序最后一步的轴向为计数方向。不能预知时,一般选取与终点处的走向较平行的轴向作为计数方向,这样可减小编程误差与加工误差。对直线而言，取 X、Y 中较大的绝对值和轴向作为计数长度 J 和计数方向。

(4)加工指令按直线走向和终点所在象限不同而分为 L1、L2、L3、L4，其中与+X 轴重合的直线算作 L1，与+Y 轴重合的算作 L2，与-X 轴重合的算作 L3，依此类推。与 X、Y 轴重合的直线，编程时 X、Y 均可作 0 计，且在 B 后可不写。

2) 圆弧的编程

(1)把圆弧的圆心作为坐标原点。把圆弧的起点坐标值作为 X、Y，均取绝对值，单位为 μm，最多为 6 位。

(2)计数长度 J，按计数方向取 X 轴或 Y 轴上的投影值，以 μm 为单位，最多为 6 位。如果圆弧较长，跨越两个以上象限，则分别取计数方向 X 轴(或 Y 轴)上各个象限投影值的绝对值相累加，作为该方向总的计数长度，也要和计数方向一并考虑。

(3)计数方向同样也取与该圆弧终点走向较平行的轴向作为计数方向，以减少编程和加工误差。对圆弧来说，取终点坐标中绝对值较小的轴向作为计数方向(与直线编程相反)。最好应取最后一步的轴向为计数方向。

(4)加工指令对圆弧而言，按其第一步所进入的象限可分为 R1、R2、R3、R4；按切割走向又可分为顺圆 S 和逆圆 N，于是共有 8 种指令，即 SR1、SR2、SR3、SR4、NR1、NR2、NR3、NR4。

3) 3B 格式手工编程方法

(1)确定加工路线：确定起点，标注加工路线。

(2)计算坐标值：按照坐标系和坐标 X、Y 的规定，分别计算各关键点坐标值。

(3)编写程序单：按程序标准格式写出程序。

4) 编程举例

试用 3B 代码编写图 10-6 所示样板零件的线切割程序。(暂不考虑电极丝直径及放电间隙)

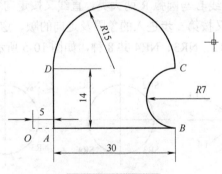

图 10-6　样板零件

编程步骤如下：

(1)确定加工路线。起始点为 O，加工路线按照图 10-6 中所标的 OB 直线段至 BC 弧线段至 CD 弧线段至 DA 直线段至 AO 直线段，共分 5 个程序段。其中，OB 直线段为切入程序段；AO 直线段为切出程序段。

(2)计算坐标值。按照坐标系和坐标 X、Y 的规定，分别计算各程序段的坐标值。

(3)填写程序单。按程序标准格式逐段填写 B、X、B、Y、B、J、G、Z，以列表形式给出。

程序段如下：

B　35000　B　0　B　35000　GX L1

B	0	B	7000	B	14000	GX	SR3
B	15000	B	0	B	30000	GY	NR1
B	0	B	14000	B	14000	GY	L4
B	5000	B	0	B	5000	GX	L3
DD							

3. 计算机辅助设计及编程

不同厂家生产数控线切割机床的自动编程系统有所不同，具体可参见使用说明书。本处以 CAXA 线切割系统为例，说明自动编程的方法。

CAXA 线切割软件是面向线切割加工行业的计算机辅助自动编程工具软件。CAXA 线切割软件可以为各种线切割机床提供快速、高效率、高品质的数控编程代码，极大地简化了数控编程人员的工作；对于在传统编程方式下很难完成的工作，它都可以快速、准确地完成；它可以交互方式绘制需切割的图形，生成带有复杂形状轮廓的两轴线切割加工轨迹；支持快、慢走丝线切割机床；可输出 3B 后置格式。

CAXA 线切割软件中进行自动编程的步骤：绘图，生成加工轨迹，轨迹仿真，生成 3B 代码程序，程序传输。

1）CAXA 线切割软件主界面

如图 10-7 所示，主界面包括绘图功能区、菜单系统及状态栏三部分。

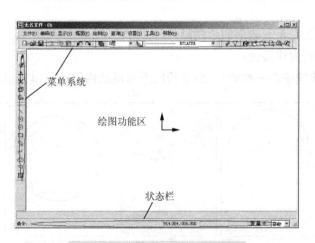

图 10-7 CAXA 线切割软件主界面

绘图功能区是用户进行绘图设计的主要工作区域，它占据了屏幕的大部分面积。中央区有一个垂直坐标系，该坐标系称为世界坐标系，在绘图区用鼠标或键盘输入的点，均以该坐标系为基准，两坐标轴的交点即为原点(0, 0)。

CAXA 线切割 XP 的菜单系统包括：下拉菜单、图标工具栏、立即菜单、工具菜单 4 部分。

屏幕的底部为状态栏，它包括当前点坐标值的显示、操作信息提示、工具菜单状态提示、点捕捉状态提示和命令与数据输入 5 项。

2）图形的绘制

CAXA 线切割的图形绘制包括基本曲线点、直线、圆弧、组合曲线、二次曲线、等距线，以及对曲线的裁剪、过渡、平移、缩放、阵列等几何变换；高精度列表曲线，采用了国际上 CAD/CAM 软件中最通用、表达能力最强的 NURBS 曲线，可以随意生成各种复杂曲线，并对加工精度提供了灵活的控制方式；公式曲线，将公式输入软件，即可由软件自动生成图形，并生成线切割加工代码，切割公式曲线。还提供各种直线、圆弧、自由曲线生成编辑功能，实现任意复杂形状设计，并能够标注尺寸，生成工程图纸。

下面以加工五角星为例说明绘制五角星图形操作步骤，如图 10-8 所示。

(1)画圆：

① 选择"绘制—圆"菜单项，用"圆心—半径"方式作圆；

② 输入(0,0)以确定圆心位置，再输入半径值"5"画出一个圆。

(2)在圆内画出正五边形：

① 选择"绘制—高级曲线—正多边形"，用"中心定位方式"作正五边形；

② 中心点跟圆心点位置重合，即输入(0，0)后，回车，再输入边数为"5"后，回车，再输入半径值"5"即跟圆的半径相同。画出正五边形。

(3)把五边形的对角点连接起来：

选择"绘制—基本曲线—直线"。

(4)删除外圆跟正五边形的边：

① 单击左键选中圆的边，然后单击右键，在出现的下拉菜单中，选择删除，则删除圆的边；

② 以同样的方法把正五边形的边删除。

(5)删除五角星的内连接线：

选择"绘制—曲线编辑—裁剪"，然后拾取五角星的内接边，单击鼠标左键删除。

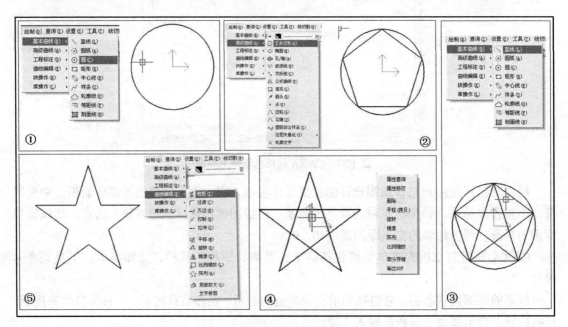

图 10-8　图形绘制

3) 加工轨迹的生成

加工轨迹的生成主要经过以下过程：拾取轮廓→选择拾取方向→选择加工补偿方向→输入穿丝点位置→输入退出点位置→输入切入点位置→生成绿色加工轨迹曲线。

以加工五角星为例，轨迹生成如下。

(1) 轨迹生成：选择"线切割—轨迹生成"，弹出图 10-9 所示参数表菜单，在弹出的参数表菜单当中，选择切入方式为"直线"，拐角过渡方式为"尖角"，偏移/补偿值为 0.1。

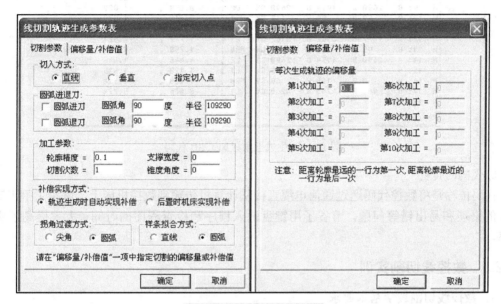

图 10-9　轨迹生成参数设置

(2) 选择加工方向、补偿方向及穿丝点、退出点：选择加工方向为顺时针，补偿方向为向内，穿丝点为五角星的正上方角处，然后回车，传丝点与退出点重合。

4) 轨迹的仿真

生成加工轨迹后，系统可以对加工轨迹进行动态或静态的加工仿真。以线框形式表达电极丝沿轨迹的运动，模拟实际加工过程中切割工件的情况。

以加工五角星为例，选择"线切割—轨迹仿真"，然后选择加工轨迹，按[ESC]键退出仿真。

5) 3B 代码的生成

要得到线切割机床的数控程序，需要进行代码生成处理。所谓的代码生成就是结合指定机床把系统生成的加工轨迹转化为机床代码。生成的机床代码可以直接被控制器解读，从而控制机床动作。

以加工五角星为例有：

选择"线切割—3B 代码"，然后输入文件名，单击保存，再拾取加工轨迹，单击鼠标右键，弹出记事本，生成五角星加工程序如图 10-10 所示。

```
123.3b - 记事本
文件(F)  编辑(E)  格式(O)  查看(V)  帮助(H)
*********************************************
Start Point  =    -0.06538 ,    5.77391    ;         X   ,        Y
N   1: B    962 B   4260 B   4260 GY   L3 ;    -1.027 ,     1.514
N   2: B   1027 B   3162 B   3162 GY   L1 ;    -0.000 ,     4.676
N   3: B   1028 B   3162 B   3162 GY   L4 ;     1.028 ,     1.514
N   4: B     95 B     31 B     95 GX  NR3 ;     1.123 ,     1.445
N   5: B   3325 B      0 B   3325 GX   L1 ;     4.448 ,     1.445
N   6: B   2690 B   1954 B   2690 GX   L3 ;     1.758 ,    -0.509
N   7: B     59 B     81 B    112 GY  NR2 ;     1.721 ,    -0.621
N   8: B   1027 B   3162 B   3162 GY   L4 ;     2.748 ,    -3.783
N   9: B   2690 B   1954 B   2690 GX   L2 ;     0.058 ,    -1.829
N  10: B     59 B     81 B    118 GX  NR1 ;    -0.060 ,    -1.829
N  11: B   2689 B   1954 B   2689 GX   L3 ;    -2.749 ,    -3.783
N  12: B   1027 B   3162 B   3162 GY   L1 ;    -1.722 ,    -0.621
N  13: B     95 B     31 B     46 GX  NR4 ;    -1.758 ,    -0.509
N  14: B   2690 B   1954 B   2690 GX   L2 ;    -4.448 ,     1.445
N  15: B   3325 B      0 B   3325 GX   L1 ;    -1.123 ,     1.445
N  16: B      0 B    100 B     69 GY  NR4 ;    -1.028 ,     1.514
N  17: B    962 B   4260 B   4260 GY   L1 ;    -0.066 ,     5.774
N  18: DD
```

图 10-10　生成五角星加工 3B 代码

6)代码的传输

代码传输是将数控代码通过通信电缆直接从计算机传输到数控机床上，解决了手工键盘输入的繁琐和易出错等问题，节省了用键盘输入程序和检查程序的时间，大大提高了生产效率。

10.2.5　数控线切割实训

1. 数控线切割教学基本要求

(1)了解电火花线切割加工的工作原理、特点及应用范围；

(2)了解数控线切割的编程格式(3B)；

(3)了解手工编程方法和计算机编程方法；

(4)熟悉数控线切割机床的安全操作规程。

2. 数控线切割安全操作规程

(1)操作者必须熟悉线切割机床的操作技术，开机前应先按设备润滑要求，对机床有关部位注润滑油。

(2)操作者必须熟悉线切割的加工工艺，恰当地选取加工参数，按规定的操作顺序操作，防止造成断丝等故障。

(3)用手摇柄操作储丝筒时，用完后应急时取下摇柄，防止丝筒转动时将其甩出伤人。

实训的学生进入工厂时一定要穿好工作服，女生应戴好工作帽，不许穿拖鞋、背心、短裤进入实训车间。不准在车间内吃零食、串岗，做与实训无关的事情。

(4)对于数控特种加工，输入程序，应先以图像方式模拟运行，检查轨迹运行正确性，确认程序正确后方可加工零件。

(5)加工结束后，关闭电源，清扫铁屑，擦净机床，在导轨后丝杠上加润滑油。

(6)严格按照设备使用说明和操作规程操作。

3. 教学内容

(1)特种加工概述：介绍特种加工产生背景、工作原理、分类及其应用范围。

(2)线切割加工概述：讲解加工原理与应用范围、线切割机床的机构组成、安全操作规程，示范线切割机床的操作。

(3)3B 格式程序：讲解程序格式及其含义，举例说明 3B 程序格式手工编程方法。

(4)计算机辅助设计与自动编程：介绍 CAXA 线切割系统功能及使用方法，举例说明利用 CAXA 线切割系统进行设计和自动编程的过程及原理。

(5)零件加工：讲解并示范加工程序的检查与输入、机床和工件的准备、零件加工制作。

(6)加工工件检验及机床卫生。

10.3 激光加工及实训

10.3.1 激光加工工艺概述

1. 激光加工的基本原理

激光(Laser)是通过光与物质相互作用，使原子受激辐射发光和共振放大而形成的强光。激光除具有一般光源的共性之外，还具有亮度高、方向性好、单色性好和相干性好四大特性。由于激光发散角小和单色性好，通过光学系统把激光束聚集成一个极小的光斑(直径仅几μm或几十μm)，使光斑处获得极高的能量密度(可高达 $10^8 \sim 10^{10} \mathrm{W/cm^2}$)，同时产生上万摄氏度的高温，从而能在千分之几秒甚至更短的时间内使物质融化、气化或改变物质的性能。激光加工就是利用功率密度极高的激光束照射工件被加工表面，激光束一部分透入材料内部，光能被吸收，并转换为热能，使其照射区域材料瞬间融化和蒸发，并在冲击波作用下，将熔融物质喷射出去，从而对工件进行穿孔、蚀刻、切割，或用较小能量密度，使加工区域材料熔融黏合，对工件进行焊接，这就是激光加工。

实现激光加工的设备主要由激光器、电源、光学系统和机械系统等组成，如图 10-11 所示。

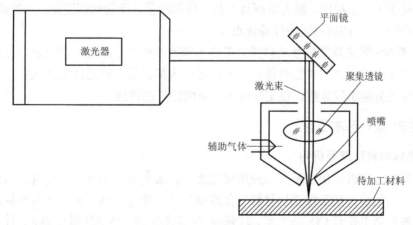

图 10-11 激光加工原理

2. 激光加工的特点

由于激光具有高亮度、高方向性、高单色性和高相干性等四大特性，激光加工是工件在光热效应下产生高温熔融和受冲击波抛出的综合作用过程。因此激光加工具有其加工特点：

(1)激光加工适用范围广。激光几乎对所有的金属材料和非金属材料都可以进行加工，特别是高硬度、高熔点的材料。

(2)激光加工精度高。激光可通过聚焦形成微米级的光斑,输出功率的大小又可以调节,因此可用于精密微细加工。

(3)加工所用的"刀具"是激光束,属于非接触加工,无明显机械力作用于工件,不存在刀具磨损。

(4)激光密度高,速度快,热影响区小,因此工件热变形小,后续加工量小。

(5)激光可通过玻璃等透明介质进行加工,如激光内雕、对透明密闭容器内部的器件进行加工等。

(6)激光束易导向、聚焦,易与数控系统配合,实现加工过程自动化。

3. 激光加工的应用

激光加工作为先进制造技术已广泛应用于鞋业、皮具、电子、纸品、电器、塑胶、航空、冶金、包装、机械制造等国民经济重要部门,对提高产品质量、劳动生产率、自动化、无污染、减少材料消耗等起到愈来愈重要的作用。

激光几乎可加工所有材料,特别是激光可用于金刚石拉丝模、钟表宝石轴承、陶瓷、玻璃等非金属材料和硬质合金、不锈钢等金属材料的钻孔加工,以及雕刻、成形切割加工等。激光可对金属材料进行表面热处理、表面合金化等加工处理。

(1)激光钻孔:激光钻孔是把具有足够功率的激光束聚焦后照射到材料适当部位,材料在接受激光照射能量后,迅速将光能转变为热能,被照射部位温度迅速上升(温升可达每秒100万度),材料可以发生熔化,甚至气化,留下一个个小孔。激光钻孔不受加工材料的硬度和脆性的限制,而且钻孔速度异常快,快到可以在几千分之一秒,乃至几百万分之一秒内钻出小孔。

(2)激光切割:激光切割技术广泛应用于金属和非金属材料的加工中,可大大减少加工时间,降低加工成本,提高工件质量。激光切割是应用激光聚焦后产生的高密度能量来实现的。与传统的板材加工方法相比,激光切割具有高的切割质量、高的切割速度、高的柔性(可随意切割任意形状)、广泛的材料适应性等优点。

(3)激光焊接:激光焊接是激光材料加工技术应用的重要方面之一,焊接过程属热传导型,即激光辐射加热工件表面,表面热量通过热传导向内部扩散,通过控制激光脉冲的宽度、能量、峰功率和重复频率等参数,使工件熔化,形成特定的熔池。

10.3.2　激光加工基本工艺

1. 激光标刻机原理及应用

激光标刻技术是激光加工最大的应用领域之一。激光标刻是利用高能量、高密度的激光对工件进行局部照射,使工件表层材料气化或发生颜色变化,从而留下永久性标记。激光标刻机的工作激光器主要有 CO_2 激光器、灯泵浦 YAG 激光器、半导体激光器等。控制系统在激光标刻机领域经历了大幅面时代、转镜时代和振镜时代。激光标刻技术作为一种现代精密加工方法,与传统的加工方法相比具有无与伦比的优势。采用激光标刻可以保证工件的原有精度,对材料的适应性广。对各种金属和部分非金属,可以在材料表面制作出非常精细的标记,且耐久性非常好;激光的空间控制性和时间控制性很好,特别适用于自动化加工和特殊面加工,且加工方式灵活;激光加工系统与计算机数控技术相结合可构成高效的自动化加工设备,可以打出各种文字、符号和图案,易于用图形软件设计标刻图样,更改标记内容,适应现代化生产高效率、快节奏的要求；激光标刻和传统的丝网印刷相比，没有污染，是一种清洁、无污染的高环保的加工技术。

1）激光标刻机的机理

激光标刻是利用激光与物质相互作用的特殊效应，在材料表面加工出所需要的字符、图案，对于不同的材料、不同的工艺参数、激光的作用效应也不尽相同。一般来说，激光束对材料的标记过程有以下几种效应。

（1）气化效应 当激光束照射到材料表面时，除一部分光反射外，被材料吸收的加工能量会迅速转变为热能，使其表面迅速升温，当达到材料的汽化温度时，材料表面因瞬间汽化、蒸发而出现标记痕迹，此类标刻中将出现明显的蒸发物。

（2）蚀刻效应 当激光束照射到材料表面时，材料吸收光能并向内层传导。热传导将产生热熔效应，如对透明的有机玻璃等脆性材料进行标刻时，其熔蚀效应十分明显，无明显蒸发物。

（3）光化学效应 对于一些有机化合物材料，当其吸收激光能量后，材料的化学特性将发生变化。当激光照射到有色的聚氯乙烯（PVC）表面时，由于聚合化学效应，使其色彩减弱，与未照射激光的部分形成颜色差异，从而得到标刻效果。

2）激光标刻机的结构及工作原理

图 10-12 所示激光标刻机，主要由 He-Ne 电源、He-Ne 激光器、冷却系统、光学系统、Q 开关、YAG 聚光腔等组成。交流电源分别给计算机、Q 开关电源、冷却系统、激光电源、He-Ne 激光器等供电。半反镜、YAG 聚光腔、全反镜组成谐振腔产生激光，经过 Q 开关的调制后形成一定频率峰值的功率很高的脉冲激光，经过光学扫描、聚焦后到达工件表面。He-Ne 激光器有两个作用：一是指示激光的加工位置，二是光路调整时提供指示。计算机通过专用的标刻软件输入需要标刻的文字及图案，设计文字和图样的大小、标刻面积、激光束行走速度和需要重复次数，扫描系统就能在计算机的控制下运动，操控激光束在工件上标刻出设定的文字和图案。软件具有自动图像失真矫正功能，能够实现精密图像的标刻，如图 10-13 所示。

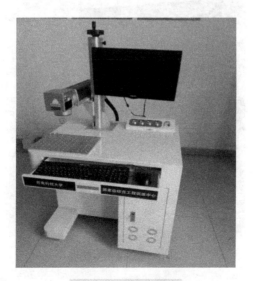

图 10-12 激光标刻机

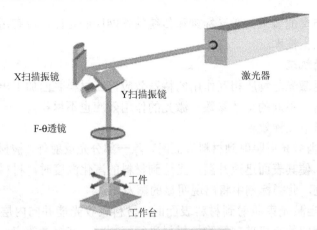

X扫描振镜　　　　　　　　　　　激光器

Y扫描振镜

F-θ透镜

工件

工作台

图 10-13　激光标刻机光路

2. 激光内雕机原理及应用

1)激光内雕机理

激光的能量密度在大于使玻璃或水晶等透明非金属材料破坏的某一临界值(或称阈值)时，就能够雕刻玻璃或水晶。激光在某处的能量密度与它在该处的光斑大小有关，光斑越小的地方产生的能量密度越大。这样，我们可以通过聚焦，可以使激光的能量密度在进入玻璃及到达加工区域之前低于玻璃的破坏阈值，而在希望加工的区域则超过玻璃的破坏阈值。在加工区域，激光在极短的时间内产生脉冲，其能量能够在瞬间使水晶玻璃受热破裂，从而产生极小的白点，在水晶玻璃内雕刻出预定的图案，而水晶玻璃的其余部分则保持原样——透明完好无损。这就是激光内雕。图 10-14 所示为激光内雕机。

图 10-14　激光内雕机

2)激光内雕实现

要实现激光内雕，首先通过点云软件(点云是在同一空间参考系下表达目标空间分布和目标表面特性的海量点集合），将二维或三维图像转换成点云图像，然后根据点排列，通过激光控制软件控制图像在水晶中的位置和激光输出。

由半导体泵浦固体激光器产生的激光镜倍频处理输出波长为 532nm 的激光。激光束镜扩束镜扩束后，射到振镜扫描器的反射镜上，振镜扫描器在计算机控制下高速摆动，使激光束在平面 X、Y 二维方向上扫描形成平面图像；计算机控制工作台沿 Z 轴运动，振镜和工作台联合动作实现三维图像的雕刻。通过镜头将激光束聚焦在加工物体的表面或内部，形成一个个微细、高能量密度的光斑，每一个高能量的脉冲瞬间在加工物体表面或内部烧蚀破坏形成白点。这样的激光束脉冲聚焦在计算机控制下连续不断地重复烧蚀形成数量众多的白点，将预先设计好的字符、图案等内容，就永久蚀刻在加工物体的表面或内部。

3）激光内雕机的操作

激光内雕机进行雕刻操作一般有 3 个软件(点云软件、分割软件和雕刻软件)需要依次操作处理。

(1) 点云软件(Laser-Photo)。用于将三维图形或平面图形转换为点云图，点云图即为点阵位置图，图形是由点阵排列形成的。点云图保存格式为".dxf"。

(2) 分割软件(Laser-Image)。用于将点云图按照设计好的参数切割成很多的小块。因为内雕机雕刻范围小，只有将范围大的图形切割成很多的小块，一个一个地雕刻后组成大的图形，从而实现大范围的图形雕刻(无缝拼接技术)。分割软件处理后文件保存格式为".dat"。

(3) 激光内雕机雕刻软件(Laser-Control)。用来控制激光内雕机雕刻运动的软件。

操作步骤：

首先，打开点云软件，导入需要雕刻的图形(三维或二维平面图形照片)，需要雕刻的文字也需要以图片的格式导入，进行点云转换，保存为 dxf 格式的点云图。

第二步，打开分割软件，将点云图导入，进行技术分割，保存为 dat 格式的文件。

第三步，打开内雕机雕刻软件，将分割后的 dat 文件导入，可导入多个 dat 文件，调整好图形在水晶中的位置。

第四步，打开激光内雕机电源，打开激光内雕机，设置坐标原点，利用内雕机雕刻软件进行雕刻，完成作品。

3. 激光切割雕刻机的原理及应用

1）激光切割雕刻机的原理

激光切割雕刻技术广泛应用于金属和非金属材料的加工中，可大大减少加工时间，降低加工成本，提高工件质量。与传统板材加工方法相比，激光切割有高的切割质量、高的切割速度、高的柔性(可随意切割任意形状)、广泛的材料适应性等优势。

激光切割雕刻分为以下几种：

(1) 激光熔化切割。在激光熔化切割中，工件被局部熔化借助气流把熔化材料喷射出去。因为材料的转移只发生在液态情况下，因此该过程被称为激光熔化切割。激光光束配上高纯惰性气体促使熔化的材料离开切割缝，而其本身不参与切割。

(2) 激光火焰切割。与激光熔化切割不同之处在于激光火焰切割使用氧气作为切割气体。借组氧气与加热后的金属之间的氧化作用，产生的氧化作用可使材料进一步加热，升高温度。对于相同厚度的结构钢，采用激光火焰切割可得到的切割速率比激光熔化切割要高得多。

(3) 激光气化切割。在加工气化切割过程中，材料的激光的作用下发生气化形成切缝，此作用需要非常高的激光功率。

2) 激光切割雕刻机的结构

图 10-15 为激光切割雕刻机的结构示意图，激光切割雕刻机由激光系统、机械系统和控制系统组成。

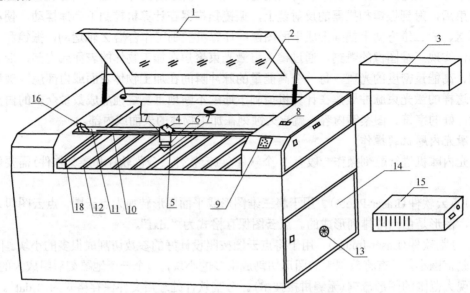

图 10-15 激光切割雕刻机结构示意图

1-上盖；2-观察窗口；3-激光管加长罩；4-第三反射镜；5-激光聚焦头调节螺丝；6-激光聚焦头；
7-喷气嘴；8-电流表；9-操作面板；10-X 直线导轨；11-X 横梁；12-工件切割平台；
13-散热风机；14-控制箱门；15-激光电源；16-第二反射镜；17-第三反射镜；18-Y 导轨

(1) 激光系统：包括激光器、激光电源、光路系统和冷却水循环系统。激光器一般有固态激光器和 CO_2 激光器。图 10-16 所示为 CO_2 气体激光器。

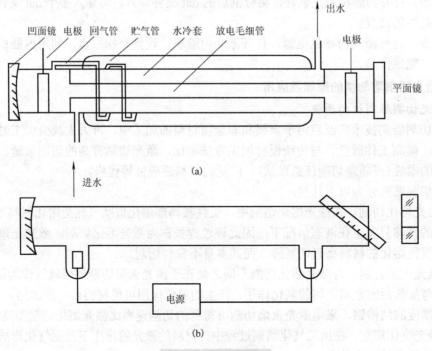

图 10-16 CO_2 激光器

(2) 机械系统：包括机床床身、导轨及给气、排风系统，如图 10-17 所示。

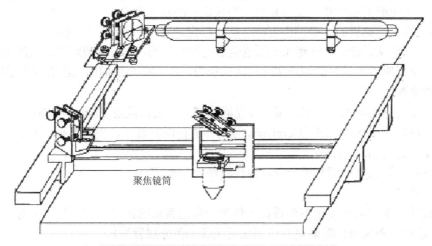

图 10-17 激光切割雕刻机机床床身和光路系统

聚焦镜筒

(3) 电控系统：包括步进电动机和驱动电源，工控电脑及相关软件。

3) 激光切割雕刻机操作步骤

(1) 计算机机软件 LaserCut 操作：

① 打开 LaserCut 软件。

② 导入设计好的图形（可选择 dxf、ai、plt 等格式矢量图形，jpg、bmp 等位图格式图形只能进行扫描雕刻，不可以进行切割）。

③ 添加文本，字体和尺寸参数选择。

④ 图形整齐，调整，删除重复线条和合并相连线条。

⑤ 图层调整，激光雕刻、切割参数设计。

⑥ 计算机模拟加工，修正设计。

(2) 激光切割雕刻机机床操作：

① 总电源开关 ON。

② 循环冷却水开关 ON。

③ 激光切割雕刻机开关 ON。

④ 利用 U 盘或 USB 连线由计算机输入数据 G 代码。

⑤ 加工板材放置。

⑥ 激光头焦距调整。

⑦ 走边框，激光头坐标调整。

⑧ 开始切割雕刻加工。

⑨ 作品完成，关闭激光切割机。

⑩ 作品检查。

10.3.3 激光加工实训

1. 激光雕刻切割实训

1) 实训目的

(1) 训练学生运用多种软件进行产品设计的能力（包括雕刻软件、CorelDRAW、AutoCAD 等）；

(2)训练利用计算机激光雕刻机系统(LaserCut)修正图形参数的方法;

(3)训练激光雕刻系统激光雕刻和切割路径设置的基本方法;

(4)学习激光雕刻机的正确操作方法,完成所设计产品的雕刻、切割加工。

(5)实验强调从设计、改进到加工制造全部过程学生的参与,强调对产品生产全过程的了解、综合、全面地培养学生的解决实际问题的能力,进而提高他们的工程实践动手能力。

2)训前准备

材料:每人提供薄木板一张,用于激光雕刻切割加工,规格 200mm×200mm。

软件:可以使用 AutoCad、CoreDraw 等软件进行图案设计,图案大小,或者相同比例,保存格式建议选用 plt、dxf 等。

加工设备:激光雕刻切割机一台,操作软件为 LaserCut。

3)实训流程

图案设计:学生可以使用图形设计软件设计自己喜欢的图案,并在图片上写上自己的名字或学号(建议:图案设计时雕刻和切割使用线条颜色分层管理)。

雕刻切割加工:学生根据教师指导,操作雕刻切割软件,导入设计好的图案,调整图案尺寸,增添文字,设计激光参数,操作激光雕刻切割机进行雕刻切割加工。

2. 激光标刻实训

1)实训目的

(1)了解光纤激光器的工作原理;

(2)了解光纤激光标刻机的结构;

(3)光纤激光标刻机的程序编辑训练;

(4)了解光纤激光标刻机的操作流程及调试维护方法;

(5)光纤激光标刻机的使用、打标工艺训练;

2)训前准备

材料:每人提供金属名片一张,用于激光图案标刻加工,名片规格 86mm×54mm。

软件:可以使用 AutoCAD、Photoshop、CoreDraw 等软件进行标刻图案设计,图案大小建议 80mm×50mm,或者相同比例,保存格式建议选用 Bmp、jpg、dxf 等。

加工设备:激光标刻机一台,标刻机操作软件为 LaserCad。

3)实训流程

图案设计:学生可以使用图形设计软件设计自己喜欢的图案或者 Logo,或者利用 Photoshop 软件处理自己的照片,并在图片上写上自己的名字或学号(建议:图案设计时只使用一种颜色)。

图案标刻加工:学生根据教师指导,操作标刻软件,导入设计好的图案,调整图案尺寸,增添文字,设计激光参数,操作激光标刻机标刻图案到名片表面。

3. 激光内雕实训

1)实训目的

(1)了解半导体泵浦固体激光器的工作原理;

(2)了解三维激光雕刻机的结构与工作原理;

(3)了解三维激光雕刻机的操作流程及调试维护方法;

(4)训练学生运用多种软件进行产品设计的能力(包括 AutoCad、Photoshop、点云软件(Laser-Photo)、分割软件(Laser-Image)和内雕控制软件(Laser-Control)等);

(5)三维激光雕刻机的使用、内雕工艺训练。

2) 训前准备

(1) 材料：每组提供人造水晶一块，用于三维图案加工，水晶规格 50mm×80mm×50mm。

(2) 软件：选择使用 AutoCad、Photoshop 进行内雕图案设计，图案大小不超过水晶规格尺寸，保存格式建议选用 Bmp、dxf 等。

(3) 加工设备：三维激光雕刻机一台，操作软件为 Laser-Photo、Laser-image、Laser-Control。

3) 实训流程

(1) 加工图形设计：学生选择使用 AutoCad、Photoshop 等图形设计处理软件设计自己喜欢的图形或者处理自己的照片，并写上自己的名字和日期。

(2) 图形内雕加工：在教师指导下，学生操作三维激光雕刻机，将设计好的图形文字等内雕于水晶内部。

10.4 3D 打印技术及实训

10.4.1 3D 打印技术概述

3D 打印技术是由 20 世纪 70 年代末、80 年代初出现的快速原型技术发展而来的一种先进制造技术，作为第四次工业革命的重要标志，使制造业发生巨大的变化。目前已广泛地运用在航空航天、医疗、工业、教育以及文化创意等领域，并不断发展中。

1. 产生背景及发展历程

随着全球市场一体化的形成，制造业的竞争十分激烈，产品的开发速度日益成为竞争的主要矛盾。同时，制造业需要满足日益变化的用户需求，又要求制造技术有较强的灵活性，能够以小批量甚至单件生产而不增加产品的成本。因此，产品开发的速度和制造技术的柔性变得十分关键。同时随着现代制造业的发展，带有曲面的或复杂形状的零件或产品(见图 10-18)不断增多，采用目前的加工方法几乎无法完成。在这样的背景下 3D 打印技术应运而生。

图 10-18 复杂空间结构零件

3D 打印的概念始于 20 世纪 80 年代，美国 3M 公司、UVP 公司及日本名古屋工业研究所分别提出了应用紫外激光固化光敏树脂，通过逐层堆积制造三维实体的快速制造新概念。1988 年第一台商品化的快速原型设备面市。短短几年内，3D 打印技术迅猛发展，多种 3D 打印系统相继问世，目前市面上的 3D 打印机主要有 5 种类型，即光固化成形(SLA)、叠层实体制造(LOM)、选择性激光烧结(SLS)、熔融沉积成形(FDM)、喷墨三维打印(3DP)。如主要历史事件如下：

1986 年，Charles Hull 开发了第一台光固化成形机，并于 1988 年面市。

1993 年，麻省理工学院获 3D 印刷技术专利，这种技术类似于喷墨打印机，通过向金属、陶瓷等粉末喷射黏接剂的方式将材料黏接逐层成形，然后进行烧结。

1995 年，美国 ZCorporation 公司从麻省理工学院获得唯一授权并生产 3D 打印机，"3D 打印机"的称谓由此而来。

2005 年，市场上首个高清晰彩色 3D 打印机 Spectrum Z510 由 ZCorp 公司研制成功。

2010 年 11 月，世界上第一辆由 3D 打印机打印而成的汽车 Urbee 问世。

2011 年 6 月 6 日，发布了全球第一款 3D 打印的比基尼。

2011 年 7 月，英国研究人员开发出世界上第一台 3D 巧克力打印机。

2011 年 8 月，南安普敦大学的工程师们开发出世界上第一架 3D 打印的飞机。

2012 年 11 月，苏格兰科学家利用人体细胞首次用 3D 打印机打印出人造肝脏组织。

2013 年 10 月，全球首次成功拍卖一款名为"ONO 之神"的 3D 打印艺术品。

2013 年 11 月，美国德克萨斯州奥斯汀的 3D 打印公司"固体概念"(SolidConcepts)设计制造出 3D 打印金属手枪。

2015 年 10 月，四川蓝光英诺生物科技股份有限公司宣布全球首创 3D 生物血管打印机问世，人体器官再造成为可能。

2. 3D 打印技术的基本原理

3D 打印即快速成形(也称快速成形或者快速原型)，它是一种以三维数字模型为基础，利用计算机控制的机电集成制造系统，逐点、逐线、逐面地进行材料"三维堆积"成形，再经过必要的后处理，使其在外观、强度和性能等方面达到设计要求，达到快速、准确地制造原型或实际零件的方法。市面上的 3D 打印机种类繁多，在成形工艺上尽管差异较大，但其基本原理相同，3D 打印机的基本原理如图 10-19 所示。

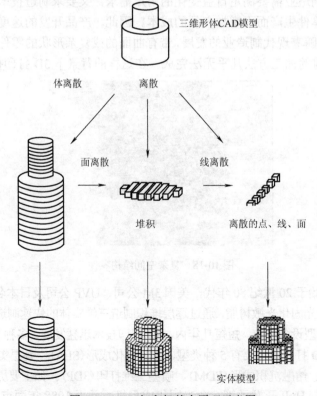

图 10-19　3D 打印机基本原理示意图

3D 打印技术内容涵盖了产品生命周期前端的"快速成形"和生产周期的"快速制造"相关的所有打印工艺、技术、设备类别和应用。涉及的技术包括 CAD 建模、三维扫描技术、计算机技术、数控技术、材料技术、激光技术等。常用材料有工程塑料(ABS)、光敏树脂、橡胶类材料、金属材料、陶瓷材料等，除此之外，石膏材料、人造骨粉、细胞生物材料、食品材料、建筑材料也得到了应用。

3. 3D 打印技术工艺流程

目前的 3D 打印机的基本原理相同，其工艺过程包括以下几个方面(图 10-20)。

1) 产品三维模型的构建

三维 CAD 模型可以利用计算机辅助设计软件直接构建(如 Pro/E、SolidWorks、UG、3D MAX、犀牛等)，也可以通过逆向工程的方式获得，先对产品实体进行激光扫描、CT 断层扫描等得到产品点云数据，然后利用点云处理软件来构造三维模型。

2) 三角网格的近似处理

由于 STL 格式文件格式简单、实用，目前已经成为快速原型领域的准标准接口文件。它是用一系列的小三角形平面来逼近 CAD 模型，存在部分精度损失(图 10-21)。在可以接受的精度损失范围内，使三维模型的数据量锐减，以利于模型的切片处理。

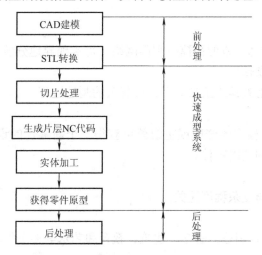

图 10-20　3D 打印机的工艺流程

3) 三维模型的切片处理

根据被加工模型的特征选择合适的加工方向，在成形高度方向上用一系列固定间隔的平面切割近似后的模型，以便提取截面的轮廓信息。间隔一般取 0.05~0.5mm，常用 0.1mm。间隔越小，成形精度越高，但成形时间越长，效率就越低，反之则精度低，但效率高。

4) 成形加工

根据切片处理的截面轮廓信息，在计算机控制系统下，控制成形头(激光头或喷头)按各截面轮廓信息做扫描运动，在工作台上一层一层地堆积材料，加工完一层，加工平台下降一个层厚，再制造下一层。往复循环直到加工完毕，最终得到原型产品。

5) 成形零件的后处理

从成形系统里取出成形件，去除支撑材料，打磨、抛光、涂挂，或放在高温炉中进行后烧结，进一步提高其强度。

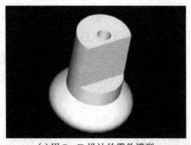 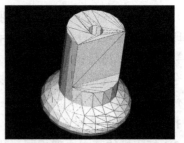

(a)用 Pro/E 设计的零件模型　　　　　　　(b)STL 面片化的零件模型

图 10-21　三角面片

4. 3D 打印的特点和优势

3D 打印属于堆积成形,在成形工艺上突破了传统的去除成形的方式,通过 3D 打印机和已有的三维模型,无需任何附加的模具和机械加工,就能快速制造出各种形状复杂的零件,使生产周期大大缩短,大幅度降低生产成本。与传统加工相比具有以下特点和优点。

1)堆积制造

自下而上的堆积方式,对实现非均匀材料、功能梯度的零件更有优势,这是区别于传统制造的本质特征。

2)数字化制造

直接 CAD 模型驱动,方便快捷;利用网络,可实现异地分散化制造。

3)高度柔性和适应性

由于无需任何专用夹具或工具即可完成复杂的制造过程。

4)快速制造

通过对一个 CAD 模型的修改或重组就可获得一个新零件的设计和加工信息。从几个小时到几十个小时就可制造出零件。

5)产品价格

产品的单价基本与复杂程度无关。

6)应用领域广泛

3D 打印可在航空、制造、医疗、建筑、教育和艺术等多个领域应用。

5. 3D 打印的应用

1)在新产品研发中的应用

在现代产品设计中每一个设计环节都可能存在着一些人为的设计缺陷,如果未及时发现就会影响后续工作。3D 打印技术将 CAD 数字模型实体化可以对其进行设计评价、干涉检验甚至进行某些功能测试,将设计缺陷消灭在初步设计阶段,减少损失,如图 10-22 所示。

图 10-22　使用 SLA 制作的发动机样件

2) 在模具制造中的应用

传统模具的制造方法工艺复杂、加工周期长、费用高而影响了新产品对于市场的响应速度。应用快速模具制造技术在最终生产模具开模之前进行新产品试制与小批量生产可以大大提高产品开发的一次成功率，制造周期仅为原来的 1/3～1/5，如图 10-23 所示。

(a) 3D 打印制作的原型

(b) 硅橡胶模具

(c) 低压注塑的多个产品

图 10-23　3D 打印技术在快速模具上的应用

3) 在快速铸造 (Rapid Casting) 中的应用

直接或间接制造铸造用的蜡膜、消失模、模样、模板、型心或型壳等然后结合传统铸造工艺快速地制造精密铸件，如图 10-24 所示。

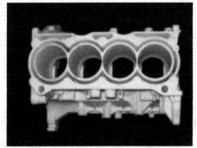
(a) 3D 打印的四缸发动机的蜡模

(b) 用 (a) 中的蜡模铸造的发动机

图 10-24　3D 打印在快速铸造上的应用

4) 在医学领域的运用

利用 3D 打印技术可以个性化定制患者缺损部位，如头颅修补、下颚修复等、人工骨头、义齿等；3D 打印制作的仿真生物模型可以用于手术规划，提高手术的成功率；3D 打印的生物器官组织可以用于移植等方面。

5) 与美学有关的各领域

3D 打印技术对一切有美学需求的设计，如轿车、桥梁、雕塑等是一种重要工具，它可以将设计者的构思迅速表达成三维实体，便于设计修改和在创作。此外，在文物、艺术品复制或复原等方面具有相当的优势和应用前景。

10.4.2　熔融沉积快速成形

熔融沉积 (Fused Depostion Modeling，简称 FDM) 快速成形技术，又称熔融堆积成形、熔融挤压成形。该工艺由 Scott Crump 在 1988 年提出，1992 年由美国 Stratasys 公司开发推出了第一台商业机型 3D-Modeler。

由于 FDM 快速成形技术不使用激光，因此该设备使用简单，维护方便，成本较低。用蜡成形的零件模型，可以直接用于失蜡铸造。用 ABS 塑料制造的模型，因其强度较高，能在产品设计、测试、评估等方面得到应用。

1. 成形基本原理

熔融沉积成形的工艺原理如图 10-25 所示。FDM 的成形材料一般是热塑性材料，如蜡、ABS 塑料、PLA、尼龙等，通常以丝状形式供料。成形材料由送丝机构运至喷头，在喷头内被加热熔化。喷头沿零件截面轮廓和填充轨迹运动，同时将熔化的材料挤出，材料迅速凝固，并与周围的材料凝结。每一个层片都是在上一层的基础上进行堆积而成，同时上一层对当前层又起到定位和支撑的作用。当成形完一层后，工作台下降一个层厚，然后进行下一层的成形，如此循环，直到形成最后的三维实体。

随着层高的增加，当形状有较大变化时，上层轮廓不能给当前层提供足够的定位与支撑作用，需要支撑结构。这些支撑结构能对后续层提供必要的定位和支撑，保证成形过程的顺利进行，支撑与原型制件如图 10-26 所示。成形完后，需要去掉支撑。

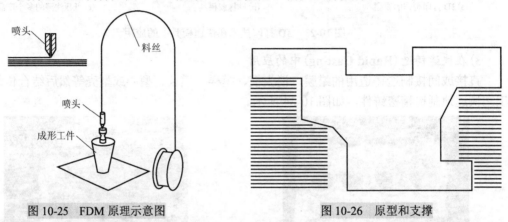

图 10-25　FDM 原理示意图　　　　　　　　图 10-26　原型和支撑

FDM 的优点是材料利用率高、材料成本低、可选材料种类多、工艺简洁。缺点是精度低、复杂构件不易制造、悬臂件需加支撑、表面质量差。该工艺适合于产品的概念建模及形状和功能测试，中等复杂程度的中小原型，不适合制造大型零件。

2. 成形设备的组成

以北京太尔时代生产的 UP！PLUS 为例，主要包括机械系统、软件系统和供料系统三部分组成，如图 10-27 所示。

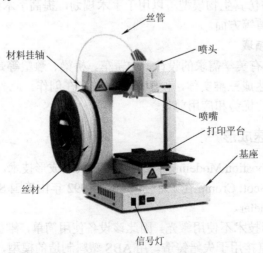

图 10-27　UP！PLUS2 桌面三维打印机

机械系统包括运动、喷头、成形空间、材料丝盘、控制区和电源等单元，其中喷头是关键部件。FDM 快速成形技术在制作模型时同时需要支撑结构。因此为了节省材料成本、提高沉积效率，可设计多个喷头，如常见的双喷头，其中一个喷头用于制作模型，一个喷头用于制作支撑。UP! PLUS 三维桌面打印机只有一个喷头，模型和支撑都由同一个喷头挤出。在喷头中丝料加热到熔融状态后，在螺杆的推动下，通过喷嘴涂覆在工作台上。温度控制器主要用来检测和控制成形喷嘴和工作台的温度。

与设备配套的软件系统是 UP!，允许输入的三维模型格式为通用 stl 格式或者专用的 up3 与 upp 格式。在该软件中完成 STL 文件的错误数据检测和一般错误修复、层片文件生成、填充线计算、数控代码生成和对 3D 打印机的控制。

供料系统的材料一般为丝状的 ABS 或者 PLA，直径为 1.75mm，具有低的凝固收缩率、陡的黏度-温度曲线和一定的强度、硬度、柔韧性。

3. 熔融沉积 3D 打印操作实例

以北京太尔时代桌面三维打印机 UP! PLUS2 为例，其 3D 打印完整的操作步骤如下：

1）启动

接通电源，启动软件 UP!。电源开关位于机器后方下部。

2）初始化打印机

选择"三维打印→初始化"（见图 10-28），当打印机发出蜂鸣声，初始化即开始。打印喷头和打印平台将返回到打印机的初始位置，当初始化完成后将再次发出蜂鸣声。

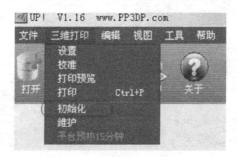

图 10-28　UP! 软件界面及初始化位置

3）载入一个 3D 模型

选择菜单中"文件→打开"或者工具栏中"打开"按钮，选择一个 stl 文件。该文件由三维建模软件（如 SolidWorks）创建，并另存为或者导出为 stl 格式的文件。将鼠标移到模型上，单击鼠标左键，模型的详细资料介绍会悬浮显示出来。注意如果模型有错误，错误部分以红色显示。

注意三维建模时要考虑 3D 打印机的成形空间和分辨率，UP!桌面打印机可制作的模型最佳大小一般不能超过 130mm×130mm×135mm，模型的薄壁厚度不小于 1mm。

4）选择成形方向

首先自动布局，单击工具栏最右边的"自动布局"按钮，软件会自动调整模型在平台的中心位置处，自动布局的效果如图 10-29 所示。然后单击工具栏上的"旋转"按钮，在文本框中选择或者输入需要旋转的角度，然后单击相应的轴进行旋转，如图 10-30 所示为图 10-29(b) 绕 Y 轴旋转 90° 的结果，再次自动布局结果如图 10-31 所示。

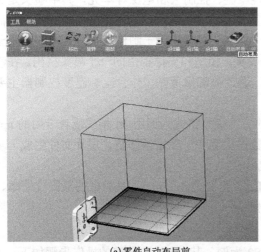

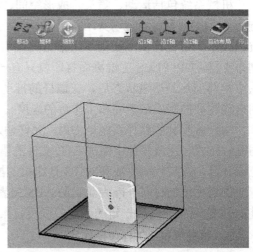

(a) 零件自动布局前　　　　　　　　　　　　　　(b) 自动布局后

图 10-29　自动布局

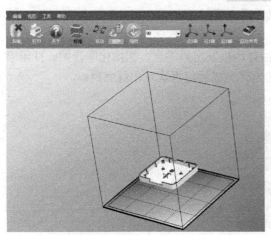

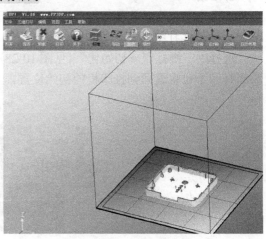

图 10-30　模型旋转结果　　　　　　　　　　图 10-31　第二次自动布局结果

选择成形方向的原则是:

(1) 不同表面的成形质量不同,上表面好于下表面,水平面好于垂直面,垂直面好于斜面;

(2) 水平方向的强度高于垂直面的强度;

(3) 有平面的模型,以平行和垂直于大部分平面的方向摆放;

(4) 选择重要的表面作为上表面;

(5) 减少支撑面积,降低支撑高度;

(6) 如果有较小直径(小于 10mm)的立柱、内空等特征,尽量选择垂直方向成形;

(7) 如果需强度保证,选择强度要求到的方向为水平方向;

(8) 避免出现投影面积小,高度高的支撑面的出现。

以上原则需要根据模型情况灵活确定。成形面设置完之后,若三维模型超出打印机的成形空间则需要缩放模型。单击"缩放"按钮,在工具栏中选择或者输入一个比例,然后再次单击"缩放"按钮缩放模型;如只需要沿着一个方向缩放,则单击对应方向轴即可。成形方向和大小调整完成后再一次自动布局,这点非常关键。

5) 打印设置

单击软件"三维打印"选项内的"设置",设置合理的层片厚度、支撑角度和填充间隔等参数,如图 10-32 所示。

图 10-32 打印参数设置

(1) 层片厚度:设定打印层厚,根据模型的不同,每层厚度设定在 0.15~0.4mm。层厚越大,打印时间越短,精度越低

(2) 基底高度:在实际模型打印之前,打印机会先打印出一部分松散的底层,一般保持系统默认的 2mm 即可。

(3) 填充选项:有如下 4 种填充方式(见表 10-4),不同填充打印的效果如图 10-33 所示。

表 10-4 填充选项说明

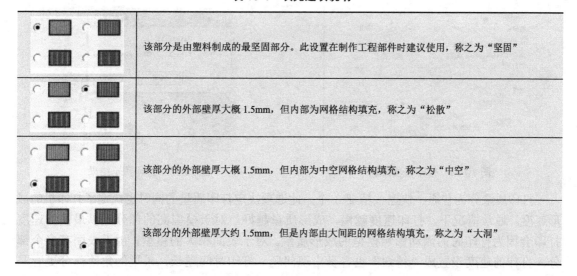

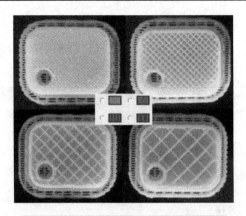

图 10-33　不同填充选项的内部支撑结构

(4)支撑部分：

角度　这部分角度决定在什么时候添加支撑结构，例如设置成10°，在表面和水平面的成形角度大于10°的时候，支撑材料才会被使用。

间隔　支撑材料线与线之间的距离。要通过支撑材料的用量，移除支撑材料的难易度，和零件打印质量等一些经验来改变此参数。

面积　支撑材料的表面使用面积。例如，当选择 $5mm^2$ 时，悬空部分面积小于 $5mm^2$ 时不会有支撑添加，将会节省一部分支撑材料并且可以提高打印速度。

(5)稳固支撑：此选项建立的支撑较稳固，模型不容易被扭曲，但是支撑材料比较难被移除。

6)打印预览及打印

选择菜单"三维打印→打印预览"，弹出图 10-34 所示的对话框，设置打印参数(如质量)，单击"确定"按钮开始预览，预览结果的信息有打印所需要的材料重量、打印的时间以及打印结束时间，如图 10-35 所示。单击"确定"按钮。预览后开始打印模型。打印模型前首先确定打印机打印平台上干净、平整，夹子已夹稳。然后选择菜单"三维打印→打印"弹出与预览相同的对话框，单击"确定"按钮开始打印。

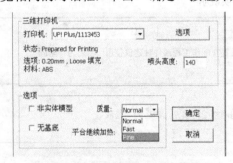

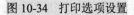

图 10-34　打印选项设置

图 10-35　打印预览结果

打印质量分为普通、快速、精细 3 个。此选项决定打印质量的同时也决定了打印机的成形速度。通常情况下，打印速度越慢，成形质量越好。对于模型高的部分，以最快的速度打印会因为打印时的颤动影响模型的成形质量。对于表面积大的模型，由于表面有多个部分，打印的速度设置成"精细"也容易出现问题，打印时间越长，模型的角落部分更容易卷曲。

机器预热完之后发出蜂鸣声，加工平台上升，开始加工。加工完毕之后，发出蜂鸣声，并停止加工。

7) 移除模型及后处理

当模型刚加工完时平台温度较高，戴上隔热手套，取下打印平台，在模型下面用铲刀来回撬松模型。使用钳子和镊子等去除支撑材料，模型支撑材料去除前后如图 10-36 所示。支撑去除后进行适当的打磨和上色以及装配。

图 10-36 模型去除支撑材料实例

4. FDM 技术制件精度的影响因素

FDM 原形件的尺寸误差、形状误差和表面粗糙度对于最终产品质量起着决定性的作用。表面粗糙度可以通过后处理打磨来解决，所以控制成形件的尺寸精度、几何精度至关重要。尺寸误差方面，在实例中使用的 UP! PLUS2 的桌面三维打印机的标称精度为 100mm 的长度误差为正负 0.2mm；形状误差一般情况下，主要由运动系统的造成。对于圆孔特征来说，当孔的直径越大，其形状误差越小，反之越大。

从 FDM 成形工艺过程来看，成形件的误差主要有以下几方面：

(1) CAD 模型离散化过程中的两重精度损失，来自于 stl 文件格式转换和分层时。

(2) 成形堆积过程中的制造误差，如材料收缩引起的尺寸误差、翘曲变形和喷头运动的轮廓误差等。

(3) 成形设备系统的误差，如喷头运动的定位精度和重复精度；X、Y 导轨的垂直度误差；Z 轴的运动定位精度和重复定位精度等。

10.4.3 3D 打印实训

1. 教学要求

(1) 了解 3D 打印的基本理论、特点和应用；

(2) 掌握熔融沉积成形的原理、工艺流程、材料和加工的限制；

(3) 了解熔融沉积成形机的基本机构；

(4) 熟悉 UP! 中数据处理软件的使用方法，加工工艺参数的选择；

(5) 桌面三维打印机的操作方法；

(6) 三维建模方法，并进行 stl 文件格式转换；

(7) 完成模型的 3D 打印制作和后处理；

(8) 对模型的结构工艺性和技术经济性进行简单分析；

(9) 熟悉 3D 打印机安全操作规程。

2. 安全操作规程

(1)设备开机前及运行过程中，必须集中精力，防止意外发生，特别是工作台和喷头不能触摸，以防烫伤；

(2)模型加工前必须预览，保证工艺系统各环节无相互干涉；

(3)操作时，如出现报警，应立即报告指导老师；

(4)发现异常情况，应立即断电，待分析原因，排除故障后，方可继续运行；

(5)加工过程中，操作者不能离岗；

(6)取模型和去除支撑时注意不要划伤手指；

(7)在打印时，请尽量使打印机远离气流，因为气流可能会对打印质量造成一定影响；

(8)为避免燃烧或模型变形，当打印机正在打印或打印刚完成时，禁止用手触摸模型、喷嘴、打印平台或机身其他部分。

3. 设备及工具

实习所用的设备主要有太尔时代 UP! PLUS2 三维桌面打印机、电脑一套以及附加工具，如笔刀、镊子、铲刀、手套、尖口钳等，如图 10-37 所示。

(a)铲刀　　　　(b)尖口钳　　　　(c)手套　　　　(d)镊子　　　　(e)笔刀

图 10-37　3D 打印主要工具

4. 教学内容

3D 打印实训课程的主要教学内容如下。

(1)3D 打印概述讲解：包括 3D 打印的发展背景、概念、基本原理和工艺流程、特点以及应用；

(2)3D 打印分类：简单讲述 3D 打印机的 5 种类型，重点讲述熔融挤压成形(FDM)工艺的原理、各组成部分和作用、材料特性、使用的场合；

(3)以造型简单、加工时间短的样件(如 U 盘端盖)为例，讲解并示范其三维建模过程；

(4)讲解和示范 UP!桌面三维打印机的安全操作规程；

(5)打印完毕，讲解和示范取模型和后处理的安全操作规程；

(6)使用基本特征，独立设计三维模型，并打印模型。

第四篇 电子工艺

第11章 电子工艺实训

11.1 常用电子元器件

电子元器件是在电路中具有独立电气功能的基本单元，包括电阻器、电容器、电感器、晶体管、集成电路以及插接件等，是电子设备中必不可少的基本材料。尤其是半导体集成电路的迅速发展，使得电子产品的集成度不断提高，体积不断缩小，功能进一步增强。同时，表面安装技术(SMT)的广泛应用也为电子产品的现代化生产提供了保障。

11.1.1 电阻器

电阻器是一种耗能元器件，是在电子整机产品中用得最多的基本元件之一，在电路中一般用于稳定、调节、控制电压或电流的大小，能起到限流、降压、偏置、取样等作用。普通电阻器的阻值大小一般用四色环来表示，如图 11-1(a)所示，精密电阻器一般用五色环来表示，如图 11-1(b)所示。

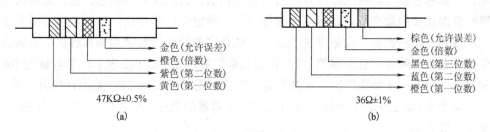

$47K\Omega\pm0.5\%$ $36\Omega\pm1\%$

(a)   (b)

图 11-1 色环电阻示意图

四色环电阻的允许误差范围通常用金色表示，五色环电阻的允许误差范围通常用棕色表示。各色环所代表的意义见表 11-1。

表 11-1 各色环代表的意义

色别	第一有效数	第二有效数	第三有效数	允许偏差/%
棕	1	1	10^1	±1
红	2	2	10^2	±2
橙	3	3	10^3	
黄	4	4	10^4	
绿	5	5	10^5	±0.5
蓝	6	6	10^6	±0.25

续表

色别	第一有效数	第二有效数	第三有效数	允许偏差/%
紫	7	7	10^7	±0.1
灰	8	8	10^8	
白	9	9	10^9	
黑	0	0	10^0	
金			10^{-1}	±5
银			10^{-2}	±10
无色				±20

11.1.2　电容器

电容器的基本结构是用一层绝缘材料(介质)间隔的两片导体,当两端加上电压后,电介质在电场的作用下,其内部形成电场,这种现象称为电介质的极化。在极化状态下的介质两边,可以储存一定量的电荷,储存电荷的能力用电容量表示。电容器的电路符号如图11-2所示。

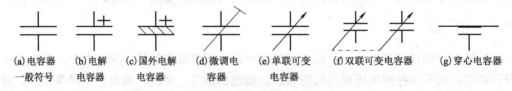

(a)电容器　　　(b)电解　　　(c)国外电解　　(d)微调电　　(e)单联可变　　(f)双联可变电容器　　(g)穿心电容器
一般符号　　　电容器　　　电容器　　　容器　　　电容器

图11-2　电容器的电路符号

电容器标称容量与误差的标注方法通常有直标法、数码表示法和色标法。直标法是指在电容器的表面直接用数字或字母标注出标称容量、额定电压等参数。电解电容器通常采用这种方式。数码表示法也称三位数字表示法。三位数字的前两位数字为标称容量的有效数字,第三位数字表示有效数字后面零的个数,它们的单位都是pF。如102表示标称容量为1000pF,在这种表示法中有一个特殊情况,就是当第三位数字用"9"表示时,是用有效数字乘上10^{-1}来表示容量大小,如229表示标称容量为2.2pF。电容器的色标法与电阻器的色环法基本一样,容量单位一般为pF。

11.1.3　电感器

电感器是利用电磁感应原理制成的元件,在电路里起变压、传送信号的作用。电感器的应用范围很广泛,它在调谐、振荡、耦合、匹配、滤波等电路中都是必不可少的。电子产品中的电感器通常可以分为下列两大类:

(1)应用自感作用的电感线圈,又称为电感器,俗称线圈;

(2)应用互感作用的变压器。

电感线圈的电感量是指电感线圈通过电流时能产生自感应的能力的大小。电感线圈的圈数越多,线圈越集中,电感量就越大,电感线圈内有铁心或有磁心的比无铁心或无磁心的电感量更大。电感线圈的品质因数值也称Q值,是反映电感线圈质量高低的重要参数。它与构成电感线圈的导线粗细、绕法、单股还是多股等因素有关。Q值的大小,表明电感线圈损耗的大小。如果电感线圈的损耗小,Q值就高,反之,损耗大则Q值就低。

1. 晶体二极管

普通的二极管可以用锗材料或用硅材料制造。锗二极管的正向电阻很小，正向导通电压约为 0.2V，但反向漏电流大，温度稳定性较差；硅二极管的反向漏电流比锗二极管小很多，但需要较高的正向电压(0.5～0.7V)才能导通。几种常见二极管电路符号如图 11-3 所示。

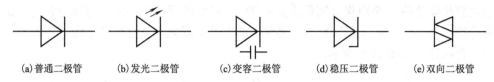

(a)普通二极管　　(b)发光二极管　　(c)变容二极管　　(d)稳压二极管　　(e)双向二极管

图 11-3　常见二极管电路符号

二极管应该按照极性接入电路。大部分情况下，应该使二极管的正极(或称阳极)接电路的高电位端，负极(或称阴极)接低电位端；但稳压二极管的负极要接电路的高电位端，正极接电路的低电位端。

2. 晶体三极管

晶体三极管由发射结、集电结和 N 型与 P 型半导体构成，有三个电极，即基极(B)、发射极(E)、集电极(C)。按极性分，三极管有 PNP 和 NPN 两种，如图 11-4 所示。

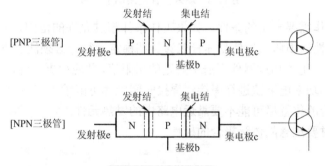

图 11-4　三极管结构

常用三极管符号如图 11-5 所示。

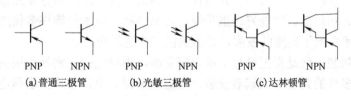

PNP　　NPN　　　　PNP　　NPN　　　　PNP　　NPN

(a)普通三极管　　　(b)光敏三极管　　　(c)达林顿管

图 11-5　常用三极管图形符号

三极管的工作状态有如下 3 种。

(1)放大状态：在放大状态下，晶体管处于线性放大状态，当有交流信号输入时，晶体管便对信号进行放大，输出放大的信号。

(2)饱和状态：在饱和状态下，晶体管处于非线性工作状态，此时晶体管的电流很大(比放大状态大)，当有交流信号输入时便可进入饱和区，其输出的信号便会产生非线性失真。

(3)截止状态：在截止状态下，晶体管的各极电流都很小或为零，此时输入给晶体管的信号便进入截止区，其输出的信号要产生很大的非线性失真。

3. 场效应晶体管

和普通双极型三极管相比，场效应晶体管有很多特点。从控制作用来看，三极管是电流控制器件，而场效应管是电压控制器件。场效应管具有噪声低、动态范围大等优点，广泛应用于数字电路、通信设备和仪器仪表，已经在很多场合取代了双极型三极管。

场效应晶体管的 3 个电极分别称为漏极(D)、源极(S)和栅极(G)，可以把它们类比作普通三极管的 c、e、b 三极，而且 D、S 极能够互换使用。场效应管分为结型场效应管和绝缘栅型场效应管两种，如图 11-6 所示。

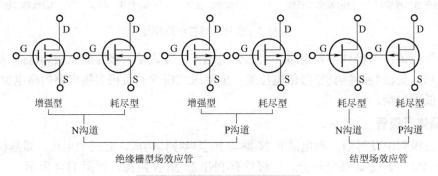

增强型　　耗尽型　　　增强型　　耗尽型　　　耗尽型　　耗尽型

N沟道　　　　　　　P沟道　　　　　　　N沟道　　　P沟道

绝缘栅型场效应管　　　　　　　　结型场效应管

图 11-6　场效应管电路图形符号

晶体管正常工作需要一定的条件。如果工作条件超过允许的范围，则晶体管不能正常工作，甚至造成永久性的损坏。为使晶体管能够长期稳定运行，必须注意下列事项：

(1)切勿使电压、电流超过器件手册中规定的极限值，并应根据设计原则选取一定的裕量；

(2)允许使用小功率电烙铁进行焊接，焊接时间应尽可能缩短；

(3)安装晶体管的位置尽可能不要靠近电路中的发热元件；

(4)接入电路时要注意晶体管极管的极性。

4. 集成电路

集成电路是利用半导体工艺，将电阻、电容、二极管、双极型三极管、场效应晶体管等元器件按照设计要求连接起来，制作在同一硅片上，成为具有特定功能的电路。这种器件打破了电路的传统概念，实现了材料、元器件、电路的三位一体，与分立元器件组成的电路相比，具有体积小、功耗低、性能好、重量轻、可靠性高、成本低等许多优点。几十年来，集成电路的生产技术取得了迅速的发展，并得到极其广泛的应用。

集成电路的封装，就是指把硅片上的电路管脚，用导线接引到外部接头处，以便与其他器件连接。形式多样的封装形式起着安装、固定、密封、保护芯片及增强电热性能等方面的作用，并实现内部芯片与外部电路的连接。封装后的芯片也更便于安装和运输。封装技术的好坏还直接影响到芯片自身性能的发挥和与之连接的 PCB(印制电路板)的设计和制造，因此它是至关重要的。几种常见的集成电路封装形式如下。

1) DIP(Dual Inline Package)封装

DIP 封装也叫双列直插式封装技术，是一种最简单的封装方式，如图 11-7 所示。绝大多数中小规模集成电路均采用这种封装形式，绝大部分的 DIP 是通孔式，其引脚数一般不超过100。

2) PLCC(Plastic Leaded Chip Carrier)封装

PLCC 封装是带引线的塑料芯片载体，表面贴装型封装之一，外形呈正方形，引脚从封装的 4 个侧面引出，如图 11-8 所示。PLCC 封装适合用 SMT 表面安装技术在 PCB 上安装布线，具有外形尺寸小、可靠性高的优点。

图 11-7　DIP-双列直插式封装

图 11-8　PLCC-带引线的塑料芯片载体

3) QFP(Quad Flat Package)封装

QFP 封装是四边引脚扁平封装，表面贴装型封装之一。在正方或长方形封装的四周都有引脚，引脚从 4 个侧面引出呈海鸥翼型。塑料 QFP 通常称为 PQFP，PQFP 既可以是正方形，也可以是长方形，如图 11-9 所示。

4) SOP(Small Outline Package)封装

SOP 封装是小外形封装，如图 11-10 所示，由 1968～1969 年菲利浦公司开发成功，以后逐渐派生出 SOJ(J 型引脚小外形封装)、SOT(小外形晶体管)等。

图 11-9　QFP-四边引脚扁平封装

图 11-10　SOP-小外形封装

5) BGA(Ball Grid Array)封装

BGA 封装是球栅阵列，封装方式是在管壳底面或上表面焊有许多球状凸点，通过这些焊料凸点实现封装体与基板之间互连的一种先进封装技术，如图 11-11 所示。BGA 一出现便成为计算机 CPU、南北桥等 VLSI 芯片的高密度、高性能、多功能及多 I/O 引脚封装的最佳选择。

6) CSP(Chip Scale Package)封装

CSP 封装是芯片级尺寸封装，减小了芯片封装外形的尺寸，做到裸芯片尺寸有多大，封装尺寸就大概有多大，即封装后的 IC 尺寸边长不大于芯片的 1.2 倍，图 11-12 为 QFP 与 CFP 的尺寸对比。

图 11-11　BGA-球栅阵列

图 11-12　CSP-芯片级尺寸封装

7) Flip Chip 封装

Flip Chip 封装是倒装芯片技术，一种无引脚结构，裸芯片封装技术之一。封装的占有面积基本上与芯片尺寸相同，是封装技术中体积最小、最薄的其中一种，其结构示意图如图 11-13 所示。

8) SIP(System in a Package)封装

SIP 已经不仅仅是一种封装类型，其结构如图 11-14 所示，是在一个传统封装体内包含数个芯片。SIP 的封装体可以直接作为一个功能模块或模组应用于系统级别的生产中。

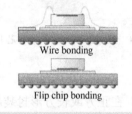

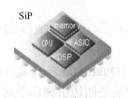

图 11-13　Flip Chip 倒装芯片　　　　　　　图 11-14　SIP 系统级封装

11.2　手工焊接技术

11.2.1　焊接工具与焊料

手工焊接的主要工具为手持式电烙铁，根据发热元件(烙铁芯)所处的部位，一般可分为内热式和外热式两种，如图 11-15 所示。除此以外，还有恒温及调温电烙铁，主要用于焊接时间不宜过长的元器件。

(a)内热式　　　　　　　　　　　　　(b)外热式

图 11-15　手工焊接电烙铁

手工焊接使用的材料主要是焊锡丝及少量助焊剂。焊锡丝主要可分为含铅和无铅两种，常用的含铅焊锡丝的规格为 Sn63/Pb37，熔点为 183℃，无铅焊锡丝主要是 Sn-Ag-Cu 的合金，其熔点一般大于 256℃。Pb 在 Sn-Pb 焊料中发挥如下重要作用：

(1)降低焊料熔点，232℃→183℃；

(2)改善机械特性，提高抗拉伸强度；

(3)有利于润湿，提高流动性；

(4)提高焊点的抗氧化性。

然而，铅作为一种对人体有害的重金属，对自然环境的破坏性很大，造成渗透性的水资源及土壤资源的污染。2006 年 7 月 1 日开始，由欧盟立法制定的一项强制性标准 RoHS 开始实施，目的在于消除电子产品中的铅、汞、镉、六价铬、多溴联苯和多溴联苯醚共 6 项物质，并重点规定了铅的含量不能超过 0.1%，于是，无铅焊接方式现已被广泛用于各类电子产品。

通常情况下，焊锡丝中会含有少量助焊剂，主要成分是松香，它具有清洁被焊件表面，隔离空气和增进金属表面润湿能力及扩散能力的作用，松香在 260℃左右会分解，因此焊接时间不宜过长。

11.2.2　锡焊机理

锡焊是焊接的一种，它是将焊件(电子元器件)和熔点比焊件低的焊料(焊锡丝)共同加热到锡焊温度(240～260℃)，在焊件不熔化的情况下，不同金属表面相互润湿、扩散，最后形成合金层的过程。润湿是熔融状态的焊料沿着工件金属表面靠毛细作用扩张，在焊件表面漫流的物理现象。由于焊料和工件金属表面的温度较高，焊料与工件金属表面的原子呈热振动状态，并相互扩散。金属之间扩散的两个基本条件如下：

(1)距离。两金属必须接近到足够小的距离。

(2)温度。只有在一定温度下金属原子才具有动能，使得扩散得以进行。

扩散现象的结果，是使得焊料和焊件界面上形成一种新的金属合金(见图 11-16)，从而实现了金属连续性。

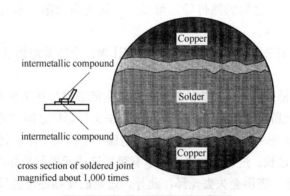

图 11-16　金属合金层的微观显示

11.2.3　手工焊接方法

进行手工焊接时，需掌握好电烙铁的温度和焊接时间，选择恰当的烙铁头和焊点的接触位置，才可能得到良好的焊点。正确的手工焊接操作过程一般可以分成 5 个步骤，如图 11-17 所示。

步骤 1　准备施焊：左手拿焊丝，右手握烙铁，进入备焊状态。要求烙铁头保持干净，无焊渣等氧化物，并在表面镀有一层焊锡。

步骤 2　加热焊件：烙铁头靠在两焊件的连接处，加热整个焊件全体，时间为 1～2s。对于在印制板上焊接元器件来说，要注意使元器件引线与焊盘要同时均匀受热。

步骤 3　送入焊丝：焊件的焊接面被加热到一定温度时，焊锡丝从烙铁对面接触焊件。

步骤 4　移开焊丝：当焊丝熔化一定量后，立即向斜上约 45°方向移开焊丝。

步骤 5　移开烙铁：移开焊锡丝后，稍作停顿后移开电烙铁。

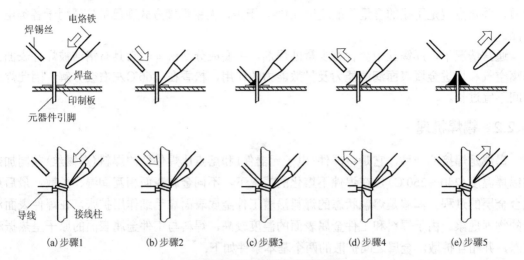

(a) 步骤1　　　　(b) 步骤2　　　　(c) 步骤3　　　　(d) 步骤4　　　　(e) 步骤5

图 11-17　手工焊接五步操作

11.2.4　手工焊接操作的注意事项

(1) 保持烙铁头的清洁。焊接时烙铁头表面很容易氧化腐蚀并沾上一层黑色杂质形成隔热层，妨碍了烙铁头与焊件之间的热传导。可以用一块湿布或湿的木质纤维海绵随时擦拭烙铁头。

(2) 靠增加接触面积来加快传热。加热时，应该让焊件上需要焊锡浸润的各部分均匀受热，而不是仅仅加热焊件的一部分。

(3) 加热要靠焊锡桥。要提高加热的效率，需要有能够进行热量传递的焊锡桥。所谓焊锡桥，就是靠烙铁头上保留少量焊锡，作为加热时烙铁头与焊件之间传热的桥梁。它对焊接是非常重要的，不仅在焊接时起到传热的作用，还能保护烙铁头不被氧化。

(4) 焊接时间不能过长。过量的加热，除了有可能造成元器件损坏以外，还将使助焊剂全部挥发，焊点过度氧化，表面会失去光泽，此外，过量的受热还可能导致铜箔焊盘的剥落。

(5) 在焊锡凝固之前不能动。切勿使焊件移动或受到振动，否则极易造成焊点结构疏松或虚焊。

11.2.5　焊点质量的评价

一个优良的焊点必须具备良好的导电性能、良好的机械性能以及良好的外观。保证焊点质量其中最重要的一点，就是必须避免虚焊。

一般来说，造成虚焊的主要原因有：焊锡质量差；助焊剂的还原性不良或用量不够；被焊接处表面未预先清洁好，镀锡不牢；烙铁头的温度过高或过低，表面有氧化层；焊接时间掌握不好，太长或太短；焊接中焊锡尚未凝固时，焊接元件松动等。

如图 11-18 所示，良好的焊点外观，对其要求是：

(1) 形状为近似圆锥而表面稍微凹陷，以焊接导线为中心，对称成裙形展开。若焊点的表面向外凸出，则表明焊锡用量过多，有虚焊的风险。

(2) 表面平滑，有金属光泽。

(3) 无裂纹、针孔、夹渣等现象。

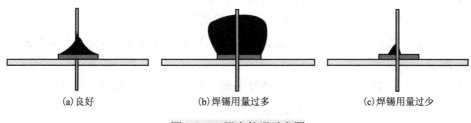

(a) 良好　　　　　　(b) 焊锡用量过多　　　　　(c) 焊锡用量过少

图 11-18　焊点外观示意图

11.3　SMT 工艺

1963 年，菲利浦公司生产出第一片表面贴装集成电路，基于小型化的需求，表面贴装技术 SMT（Surface Mount Technology）应运而生。20 世纪 70 年代，消费类电子的迅猛发展，对电子产品的自动化生产提出了新的要求，针对 SMT 的电子元器件和生产设备得到了很快的发展。20 世纪 80 年代，表面贴装元件 SMC 和表面贴装器件 SMD 的数量和品种剧增、价格大幅下调，SMT 渗透到了航空航天、通信与计算机、汽车和医疗电子、办公自动化和家用电子等领域，被誉为电子组装技术一次革命。

11.3.1　SMT 基本工艺流程

由于贴片元件的体积和重量只有传统插装元件的 1/10 左右，采用 SMT 之后，电子产品体积缩小 40%～60%，重量减轻 60%～80%，降低成本达 30%～50%。SMT 工艺具有组装密度高、电子产品体积小、重量轻，焊点缺陷率低，可靠性高、抗振能力强、高频特性好等诸多优点，是目前电子组装行业里最流行的一种技术和工艺。SMT 工艺采用的典型焊接设备是由再流焊机、锡膏印刷机、贴片机等组成的焊接流水线，如图 11-19 所示。

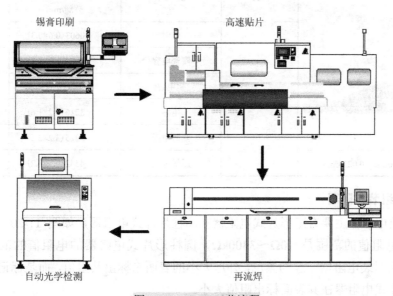

锡膏印刷　　　　　　　　　　高速贴片

自动光学检测　　　　　　　　再流焊

图 11-19　SMT 工艺流程

(1)锡膏印刷：其作用是准确地将焊锡膏印到 PCB 的焊盘上，焊锡膏具有一定黏性，可以使元器件初步固定，为后续元器件的贴装和焊接做准备。

(2)高速贴片：其作用是以较高的速度将各种用于焊接的表面组装元器件按照程序设定位置贴装在 PCB 上。

(3)再流焊：在再流焊机中，焊锡膏经过干燥、预热、熔化、润湿、冷却等过程，将元器件焊接固定到印制板上，以达到永久连接的效果。

(4)自动光学检测：是运用高速高精度视觉处理技术，自动检测 PCB 板上可能出现的各种不同帖装错误及焊接缺陷。

11.3.2 表面组装元件

表面组装元器件又称为片式元器件，也叫贴片元器件，是适应当代电子产品微型化和大规模生产的需要而发展起来的微型元器件，具有体积小、重量轻、可靠性高、抗振性能好、易于实现自动化等特点。习惯上人们把表面安装无源元器件，如片式电阻、电容、电感等称之为表面组装元件 SMC(Surface Mounted Component)。

表面组装元件 SMC，若从外形来分，主要有矩形片式元件、圆柱形片式元件、复合片式元件、异形片式元件；若从种类来分，可分为片式电阻器、片式电容、片式电感、片式机电元件；若从封装形式来分，有陶瓷封装、塑料封装、金属封装等。

SMC 常用外形尺寸长度和宽度命名，来标志其外形大小，通常有公制(mm)和英制(inch)两种表示方法，如表 11-2 所示，英制 0805 表示元件的长为 0.08inch，宽为 0.05inch，即长 2.0mm，宽 1.25mm。

表 11-2 SMC 元件封装尺寸示例

外形	元件名称	封装名称及外形尺寸	
		公制/mm	英制/inch
矩形片式元件	电阻	0603(0.6×0.3)	0201
	陶瓷电容	1005(1.0×0.5)	0402
	钽电容	2125(2.0×1.25)	0805
	电感	3216(3.2×1.6)	1206
	热敏电阻	3225(3.2×2.5)	1210
1 mil = 1/1000mil = 0.0254mm	压敏电阻	4532(4.5×3.2)	1812

1. 表面组装电阻器

表面组装电阻器主要有矩形片式电阻器和圆柱形片式电阻器，如图 11-20 所示。矩形片式电阻器的电阻值的范围是 $10\Omega\sim3300k\Omega$，圆柱形片式电阻器的电阻值的范围是 $4.7\Omega\sim1000k\Omega$。表面组装电阻器一般为黑色，外形太小的表面未标出其阻值，而是标记在包装袋上，外形稍大的片式电阻器在其表面标出阻值大小。

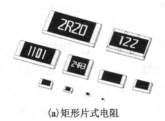
(a)矩形片式电阻

(b)圆柱形片式电阻器

图 11-20　表面组装电阻器

当片式电阻精度为 5%时，采用 3 个数字表示。若阻值小于 10Ω，在两个数字之间补加"R"表示，阻值在 10Ω 以上的，则最后一数值表示增加的零的个数。例如 4.7Ω 记为 4R7；当片式电阻值精度为 1%时，则采用 4 个数字表示，前面 3 个数字为有效数字，第四位表示增加的零的个数；阻值小于 10Ω 的，仍在第二位补加"R"。例如 4.7Ω 记为 4R70；100Ω 记为 1000；1MΩ 记为 1004；10Ω 记为 10R0。

2. 表面组装电容器

表面组装用电容器简称片式电容器，适用于表面组装的电容器已发展到多品种、多系列的片式电容器。在实际应用中，表面安装电容器中约有 80%是多层片状瓷介电容器(见图 11-21)，其次是表面安装铝电解电容器和钽电解电容器。

图 11-21　多层片式瓷介电容结构与外形

表面组装铝电解电容器，又叫片式铝电解电容器。可分为液体电解质片式铝电解电容器和固体电解质片式铝电容器两大类，如图 11-22 所示。相比于液态电解质，固态的电解质在高热环境下不会像液态电解质那样蒸发膨胀，甚至燃烧，因此固态铝电解电容具有极长的使用寿命，也具有更高的安全系数。区分固态电解电容和液态电解电容直观的方法是查看电容顶部是否有"K"或"十"字形的防爆凹槽，固态电解电容顶部平整，没有防爆凹槽。

(a)液体电解质片式铝电解电容器

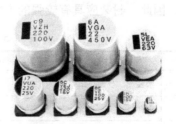
(b)固体电解质片式铝电解电容器

图 11-22　铝电解电容器

　　电解电容器在安装方式上，主要有卧式结构和立式结构两种。卧式结构的优点是高度低，缺点是贴装面积大，不适宜高密度组装；立式安装面积小，适宜高密度组装，目前片式铝电解电容以立式结构为主。

　　片式钽电解电容器，是用金属钽作正极，用稀硫酸等配液作负极，用钽表面生成的氧化膜作为介质制成。矩形钽电解电容外壳一端印有深色标志线，为正极，在其表面上印刷有电容量的数值及耐压值，其外形如图 11-23 所示。片式钽电解电解器的电解质是固体，使用寿命长，且钽电解电容器单位体积容量大，电解质响应速度快，因此在需要高速运算处理的大规模集成电路中应用广泛，将逐步替代铝电解电容器。

正极

图 11-23　片式钽电解电容器

11.3.3　表面组装器件

　　表面组装有源器件，如晶体管、集成电路等称之为表面组装器件 SMD(Surface Mounted Devices)，是一种有源电子器件，是在原有双列直插(DIP)器体的基础上发展来的，是通孔技术(THT)向 SMT 发展的重要标志，主要分为片式晶体管和集成电路两大类。

　　为适应 SMT 的发展，各类半导体器件，包括分立器件中的二极管、晶体管、场效应管，集成电路的小规模、中规模、大规模、超大规模、甚大规模集成电路及各种半导体器件，如气敏、色敏、压敏、磁敏等器件，正迅速地向表面组装化发展，成为新型的表面组装器件(SMD)。SMD 的出现对推动 SMT 的进一步发展具有十分重要的意义。这是因为 SMD 的外形尺寸小，易于实现高密度安装；精密的编带包装适宜高效率的自动化安装；采用 SMD 的电子设备，体积小、重量轻、性能得到改善、整机可靠性获得提高，生产成本降低。

　　SMD 集成电路包括各种数字电路和模拟电路。由于封装技术的进步，SMD 集成电路的电气性能指标比 THT 集成电路更好。集成电路封装不仅起到集成电路芯片内键合点与外部进行电气连接的作用，也为集成电路芯片提供了一个稳定可靠的工作环境，对集成电路芯片起到机械和环境保护的作用，从而使得集成电路芯片能发挥正常的功能，表 11-3 列出了常见的 SMD 集成电路的封装类型。总之，集成电路封装质量的好坏，对集成电路总体的性能优劣关系很大。因此，封装应具有较强的力学性能、良好的电气性能、散热性能和化学稳定性。

表 11-3　常见 SMD 集成电路的封装

器件类型	封装名称和外形		引脚数和间距(mm)	包装方式
片式晶体管	圆柱形二极管(MELF)		两端	编带或散装
	SOT23		三端	
	SOT89		四端	
	SOT143		四端	

续表

器件类型	封装名称和外形	引脚数和间距(mm)	包装方式
集成电路	SOP(羽翼形小外形塑料封装) TSOP(薄形 SOP)	8～44 引脚 引脚间距: 1.27、 1.0、0.8、0.65、0.5	编带 管装 托盘
	SOJ(J 形小外形塑料封装)	20～40 引脚 引脚间距: 1.27	
	PLCC(塑封 J 形引脚芯片载体)	16～84 引脚 引脚间距: 1.27	
	LCCC(无引线陶瓷芯片载体) (底面)	电极数: 18～156	
	QFP(四边扁平封装器件) PQFP(带角耳的 QFP)	20～304 引脚 引脚间距: 1.27	
	BGA(球形栅格阵列)	焊球数: 20～40 焊球间距: 1.5、1.27、1.0、0.8、 0.65、0.5、0.4、0.3(0.8 以下为 CSP)	
	CSP(又称μBGA。外形与 BGA 相同, 封装尺寸比 BGA 小。芯片封装尺寸与芯片面积比≤1.2)		
	Flip Chip(倒装芯片)		
	MC M(多芯片模块——如同混合电路, 将电阻做在陶瓷或 PCB 上, 外贴多个集成电路和电容等其他元件, 再封装成一个组件)		

11.4　电子产品与工艺实训

11.4.1　实训目的和要求

1. 实训目的

32 位 LED 摇摇棒以单片机(宏晶单片机 STC11F04E)作核心控制部件, 以发光二极管为控制对象, 利用人眼的视觉暂留特性, 通过分时刷新 32 个高亮度发光二极管来显示输出文字或图案等信息。本实训通过对多 LED 摇摇棒的焊接、组装与调试, 使学生初步了解单片机的原理和应用技术, 掌握数字电路的设计、组装与调试方法。理解电子元器件的识别方法和质量检验标准, 培养学生的实践技能和综合分析问题的能力。

2. 实训要求

(1)熟悉 LED 摇摇棒的组成与工作原理;

(2)对照原理图能看懂印刷电路板图。

(3)认识电路图上的各种元器件的符号, 并与实物对照;

(4)会测试各元器件的主要参数;

(5)认真仔细地按照工艺要求进行产品的安装和焊接;

(6)完成实训报告。

11.4.2　实训基础知识

1. 主要器件介绍

1)单片机 STC11F04E

STC11/10xx 系列单片机是宏晶科技设计生产的单时钟/机器周期(1T)的单片机, 是高速/

低功耗/超强抗干扰的新一代 8051 单片机(见图 11-24)，指令代码完全兼容传统 8051，但速度快 8～12 倍。内部集成高可靠复位电路，针对高速通信、智能控制、强干扰场合。STC11F04E 的工作电压为 5.5V～4.1V/3.5V，具有 4K Flash 程序存储空间，256 字节 SRAM，1K EEPROM，内部集成 MAX810 专用复位电路；内置一个对内部 Vcc 进行掉电检测的掉电检测电路，可设置为中断或复位。时钟源可采用外部高精度晶体/时钟或内部 R/C 振荡器。

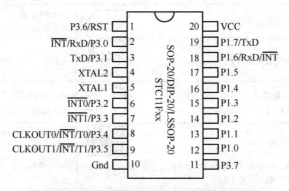

图 11-24　STC11/10xx 系列单片机引脚分布图

2) 滚珠开关

滚珠开关也叫钢珠开关、珠子开关，是振动开关振动开关的一种，利用其中小珠部件的滚动，制造与金属端子的触碰或改变光线行进的路线，就能产生导通或不导通的效果，适合当被动元件使用，不适合一般电流量高的电源电源。滚珠开关结构如图 11-25 所示。主要用于：易倾倒且需自动断电的电器用品(如电熨斗、立灯、立式电风扇、电暖器、加湿机、捕蚊灯)；需水平与垂直的信号转换侦测(如液晶屏幕、电子指南针)；需震动感应的装置(如震动感应器、运动器材计数表等)；需离心感应的装置(如轮胎离心力检测)。

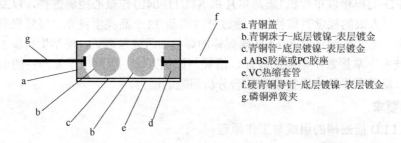

a.青铜盖
b.青铜珠子-底层镀镍-表层镀金
c.青铜管-底层镀镍-表层镀金
d.ABS胶座或PC胶座
e.VC热缩套管
f.硬青铜导针-底层镀镍-表层镀金
g.磷铜弹簧夹

图 11-25　滚珠开关结构图

2. 工作原理

32 位 LED 摇摇棒是通过程序来控制 32 个 LED 发光二极管，并配合左右摇摆来显示字符和简易图形的电子装置(简称为"摇摇棒")，如图 11-26 所示为原理图，此装置利用宏晶单片机 STC11F04E 单片机对发光二极管阵列进行控制。用滚珠开关检测当前摇动状态，单片机控制 32 个发光二极管进行不同频率的亮灭刷新，只要摇动就可以可显示输出文字及图案等信息，从而达到在该视觉平面上传达信息的作用。

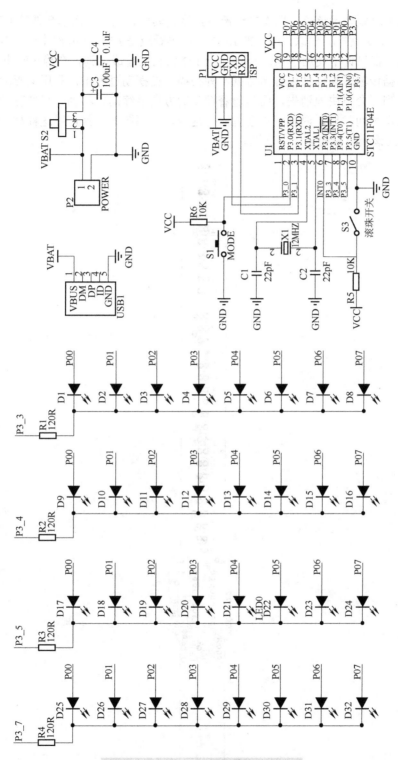

图 11-26　32 位 LED 摇摇棒电路原理图

　　该套件主要由单片机控制部分、LED 驱动部分、LED 显示部分组成。其中 LED 显示部分是根据 LED 点阵的显示原理来设计。点阵的显示分为行扫描与列扫描两种，列扫描是将字模数组通过点阵屏的行驱动进行输入，然后通过列对每一行进行扫描，当列为低（高）电平、行为高(低)电平时则表示该点为图案的一部分，将其读出、显示，而本套件的 LED 显示、数据传输原理与 LED 点阵屏相似。可以把 LED 摇摇棒看成是 LED 点阵屏中的一列，为了使显示的图案清晰，在设计中使用了 32 个高亮度 LED 将它们排成一列，在静止时也就相当于 32 行×1 列。数据传输时同样使用行送数据、列扫描。在摆动过程中，利用人眼的视觉暂留原理，被点亮的列不会很快地消失，而是随着摆动的方向继续向前移动，只要移动的速度高于视觉暂留的最短时间，显示内容就不会熄灭，这样，一幅图案也就可以这样被"摆动"出来了，图 11-27 为该摇摇棒的装配平面图。

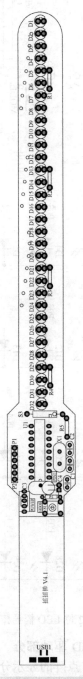

图 11-27　32 位 LED 摇摇棒装配图

11.4.3　实训器材

1. 工具

手工电路铁及烙铁架、焊锡丝、松香、镊子、吸锡枪、数字万用表。

2. 电子元器件（表 11-4）

表 11-4　电子元器件

序号	名称	型号/规格	数量	位号
1	电阻	120	4	R1～R4
2	电阻	10kΩ	1	R5、R6
3	瓷片电容	22pF	2	C1、C2
4	电解电容	100μF	1	C3
5	瓷片电容	104	1	C4
6	发光二极管	$\phi3$	32	D1～D32
7	轻触开关	3×3×1.5	1	S1
8	拨码开关		1	S2
9	滚珠开关		1	S3
10	集成电路插座	20P	1	U1
11	晶振	12MHz	1	X1
12	单片机	STC11F04E	1	U1
13	MiniUSB 座		1	USB1
14	电池盒	2 节 5 号	1	P2

11.4.4　实训步骤

(1) 焊装电阻 R1～R5。

(2) 焊装 32 只发光二极管 D1～D32，注意极性，LED 紧贴电路板。

(3) 焊接滚珠开关 S3、轻触开关 S1，滚珠开关有正反之分，焊接时需注意方向。

(4) 焊接晶振 X1。

(5) 焊装瓷片电容 C1、C2 和 C4；电解电容 C3 要求卧装，注意极性。

(6) 焊装集成电路插座 U1，注意缺口对应。

(7) 焊装拨码开关 S2，焊接 MiniUSB 座 USB1。

(8) 全部完成后，仔细检查一下各个焊点是否牢靠，不要存在短路、断路的现象。必要时可以把板子朝着光亮，查看焊接情况。

(9) 确定无误后把电池引线焊上，安装电池盒。注意区分正负极引线。

(10) 正确安装 STC11F04E 单片机，通过 USB 电源线供电(或电池盒供电)进行功能测试。

第五篇 综合与创新

第12章 综合与创新

12.1 装配与拆卸基础知识

一个机器产品是由许多零件组成的，这些零件在维修维护时，总要经过拆卸才对零部件进行保养和修理，最后又必须经过装配，才能使产品恢复原样。

1. 装配

装配是把许多个零件按技术要求连接起来，以保持正确的相对位置和相互关系，成为具有一定性能指标的机器产品。机械连接有两大类：一类是机器工作时，被连接的零部件之间有相对运动的连接，称为动连接，如车轮与车轴之间的转动；另一类则是在机器工作时，被连接的零部件之间不允许产生相对运动的连接，称为静连接。

机器产品质量的好坏，与装配质量的高低有密切关系。装配工艺是一个很复杂、很细致的工作。即使有高质量的零件，若装配工艺不当，轻则产品的性能达不到要求，造成返工，重则造成产品或人身安全事故。所以，装配是产品生产中十分重要的工作。

装配要点及注意事项：

(1)装配人员必须了解所装配机器产品的用途、构造和工作原理，研究和熟悉零、部件的作用及它们相互间的连接方式，熟悉装配工艺规程和技术要求。

(2)领取和清点所需的全部零、部件，准备施工材料、工具和设备，包括搬运设施。

(3)零件在装配前，不论是新件还是已经清洗过的旧件都应进一步清洗，并应对所有的零件按要求进行检查。

(4)对所有配合件和不能互换的零件，应按拆卸、修理或制造时所作的标记，成对或成套装配，不允许混乱。

(5)对运动零件摩擦面，应采用运转时所用的润滑油涂抹，油脂盛具必须清洁，带盖防尘。

(6)为保证密封性，安装各种衬垫时，允许涂抹全损耗系统用油、密封胶。

(7)装定位销时，不准用铁器强迫打入，应在其完全适当的配合下，用手推入约3/4长度时，轻轻打入。

(8)为保证装配质量，对装配间隙、过盈量、灵活性、啮合印痕等要求，需经过调整、校对和技术检验。

2. 拆卸

拆卸是相对"装配"反向的工作过程，即按照一定的顺序拆卸下装配好的零部件，重新获得单独的组件或零件。

拆卸要点及注意事项：

(1)拆卸前必须熟悉机器产品的结构和工作原理。

(2)选择清洁、方便作业的场地实施拆卸。

(3)拆卸顺序一般与装配顺序相反，拆卸顺序是：先附件后主机，先外后内，先上后下，即先拆外部附件，再将总机拆成总成、部件，最后全部拆成零件，并按部件汇集放置。

(4)对电气元件及易氧化、易锈蚀的零件要进行保护。

(5)根据零部件连接形式和规格尺寸，选用合适的拆卸工具和设备。

(6)对不可拆的连接或拆后降低精度的结合件，拆卸时需注意保护。

(7)有的机器拆卸时需采取必要的支承和起重措施，在操作中严防倒伏和掉落。

(8)当两个人以上工作时，要注意配合、呼应。

12.2　自行车拆装及实训

12.2.1　自行车概述

1. 自行车发展史

1790 年法国人西夫拉克制作了世界上第一部自行车，在这之前，欧洲文艺复兴时代意大利的达·芬奇曾勾画过自行车的图纸。

1818 年，德国人德莱斯开始制作木轮车，样子跟西夫拉克的差不多。不过，在前轮上加了一个控制方向的车把子，可以改变前进的方向。

1861 年，法国的米肖父子，原本职业是马车修理匠，他们在前轮上安装了能转动的脚蹬板；车子的坐垫架在前轮上面，这样除非骑车的技术特别高超，否则就抓不稳车把，会从车子上掉下来。他们把这辆两轮车冠以"自行车"的雅名，并于 1867 年在巴黎博览会上展出，让观众大开眼界。

1869 年法国人发明用链条来驱动后轮，出现了安全型自行车。

1886 年，英国的斯塔利，是一位机械工程师，从机械学、运动学的角度设计出了新的自行车样式，为自行车装上了前叉和车闸，前后轮的大小相同，以保持平衡，并用钢管制成了菱形车架，还首次使用了橡胶的车轮。斯塔利不仅改进了自行车的结构，还改制了许多生产自行车部件用的机床，为自行车的大量生产和推广应用开辟了宽阔的前景，因此他被后人称为"自行车之父"。斯塔利所设计的自行车车型与今天自行车的样子基本一致了，如图 12-1 所示。

2. 自行车分类

1)通勤自行车

一般民众用来通勤单速的自行车(见图 12-2)，骑行姿势为弯腿站立式，优点是舒适度较高，长时间骑行不易疲乏。缺点是弯腿姿势不易加速，且普通自行车零件多采用非常普通的零件，也难达到很高速度。通勤自行车是最为简洁的自行车。

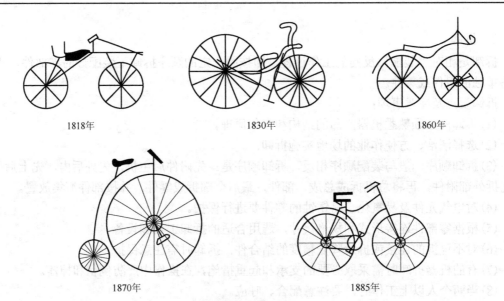

1818年　　　　　　　　　1830年　　　　　　　　　1860年

1870年　　　　　　　　　　　　　　　1885年

图 12-1　自行车发展史

图 12-2　通勤自行车

2) 旅行自行车

图 12-3 所示旅行自行车由公路自行车发展而来，轻便、舒适、耐用，车架以舒适稳定操控灵活为要求，骑行角度舒服，多握点的蝴蝶把有助骑行中随时变换姿势，有很低的最低挡位，使用较宽的车胎，阻力中等，能够负重，可适应大多数地形，且易加装骑行安全配件，有多功能前后行李架(货架)设计，配件选择方面追求可靠耐用，适合超远程长途休闲式旅行。

图 12-3　旅行自行车

3) 山地自行车

图 12-4 所示山地自行车起源于 1977 年美国旧金山，设计为骑乘于山区的车种，为骑乘于山区的路况而设计，常规结实的钻石型车架；有些会在车架安装避震器，一般会配置平把或燕把，优点是双手握把时张得较宽，有利于操控，山地自行车轮组直径一般是 26 寸，轮胎花纹粗且宽，能更好地体现其抓地力，适合越野，稳定性好，胎压较低，确保其在山地骑行时安全整体强度较大，抗冲击能力强，相比普通自行车强力骑行时更不易损坏。

图 12-4　山地自行车

4)公路自行车

图 12-5 所示公路自行车是用来在平滑公路路面上使用的车种，由于平滑路面阻力较小，公路自行车的设计更大考虑高速，往往使用可减低风阻的下弯把手或一字平把，较窄的高气压低阻力外胎，挡位较高，且轮径比一般的登山越野车都大，由于车架和配件不需像山地车一样需要加强，所以往往重量较轻，在公路上骑行时效率很高。由于车架无需加强，又往往采用简单高效的菱形设计。

图 12-5　公路自行车

5)折叠自行车

折叠自行车(见图 12-6)是为了便于携带与装进汽车内而设计的车种，一般折叠车由车架折叠关节和立管折叠关节构成。通过车架折叠，将前后两轮对折在一起，可减少 45%左右的长度。整车在折叠后可放入登机箱和折叠包内，以及汽车的后备箱。有些地方的铁路及航空等公共交通工具允许旅客随身携带可折叠收合并装袋的自行车。

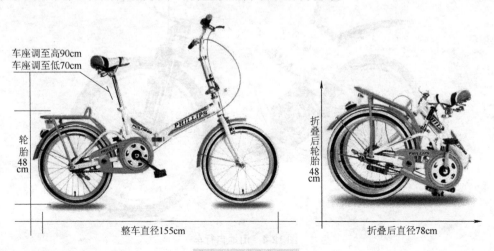

图 12-6　折叠自行车

6) 其他种类

除以上几种常用类型，自行车还衍生出了双人/三人车、母子/亲子车、死飞车等具有特定用途的车型，如图 12-7 所示。

图 12-7　双人自行车

12.2.2　自行车结构

（1）如图 12-8 所示，自行车的基本组成如下。

图 12-8　自行车结构

① 车体部分：车架、前叉、车把、坐垫和前叉合件等，是自行车的主体。

② 传动部分：脚踏、链轮、链条、中轴和飞轮等，由人力踩动脚踏，通过以上传动件带动车轮旋转，驱车前行。

③ 安全装置：包括制动器(车闸)、反射装置等。

④ 其他装置：挡泥板等。

(2) 按功能原理可分为 4 个系统。

① 驱动系统：包括脚踏、中轴、链条、飞轮、后轴、后轮。

② 转向系统：包括车把、把立、碗组、前叉。

③ 变速系统：包括变速器(指拨或者转把)、前后拨链器、变速线。

④ 制动系统：刹车把、刹车线管、碟刹片。

12.2.3　自行车拆装实训

自行车拆装工具有各类扳手、钳子、螺丝刀、锤子、钳子等，如图 12-9 所示。

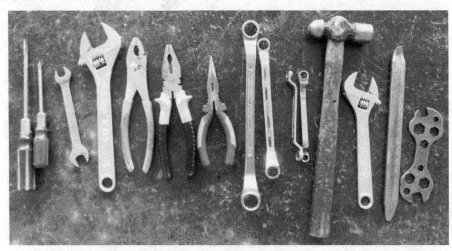

图 12-9　自行车拆装工具

自行车拆装实训是工程训练中最具有特色的内容之一，是以自行车为载体的一种实践和合作相结合的实训项目。

1. 教学基本要求

(1) 了解自行车的基本信息。

(2) 了解自行车的构造。

(3) 了解自行车的拆装工具及拆装方法。

(4) 熟悉自行车拆卸和组装。

2. 安全技术操作规程

(1) 进行实训时，需规范着装，穿军训服装、平底鞋。

(2) 所用工具必须齐备、完好、可靠才能开始工作。禁止使用有裂纹、毛刺、手柄松动等不合安全要求的工具，并严格遵守常用工具安全操作规程。

3. 拆卸内容

1) 车把立管的拆卸

(1) 拆刹车线，把前后刹车的刹车线从刹车把上取出。先用扳手将紧固刹车线螺丝拧松，然后捏住刹车线与刹车把接触的胶皮，扯出松开的刹车线，顺着刹车把的缝隙拉出来，然后向下取出刹车线的金属头。

(2) 拆立管，要用扳手将把芯丝杠拧松，把芯丝杠向上拧起后，用手锤轻轻敲击把芯丝杠，将与把芯丝杠下端连接的把芯螺母敲松，然后即可取出立管。

2) 前叉的拆卸

(1) 拆锁母，用扳手将锁母拧松，然后取下锁母。

(2) 拆上挡和上叉碗，用扳手将上挡拧松，即可取下上挡和上叉碗，拆卸过程中，要注意防止上叉碗内的钢珠掉落遗失。

(3) 拆下挡和下叉碗，把前叉从车架上取出，然后把下挡和下叉碗从前叉上取下来，同样要注意防止下叉碗内的钢珠掉落遗失。

3) 车闸的拆卸

(1) 拆车闸紧固螺丝，用扳手将前叉后端的车闸紧固螺丝拧松，然后取出车闸。

(2) 拆车闸，用扳手将车闸上面的所有螺丝都拧松，把车闸所有的零部件拆开。

4) 轮胎的拆卸

拆轮胎紧固螺丝，用扳手将轮胎的紧固螺丝拧松，然后把轮胎从前叉上面取下。

5) 拆卸前轴

(1) 拆圆孔式闸卡子，要用螺丝刀松开两个闸卡子螺钉，将闸卡子从闸叉中向下推出，再把闸叉用手稍加掰开。凹槽式闸卡子可以不拧松闸卡子螺钉，只需将闸叉从闸卡子的凹槽中推出，再稍加掰开即可。

(2) 拆卸轴母，拆卸时要先卸紧的，后卸松的，防止产生连轴转的现象。

(3) 拆卸轴挡，拆卸轴挡与拆卸轴母的顺序相反，应先卸松的，也就是一般先卸左边的。

(4) 拆卸轴承，用螺丝刀伸入防尘盖内，沿防尘盖的四周轻轻将防尘盖撬下来，再从轴碗内取出钢球。用同样的方法将另一边的防尘盖和钢球拆下。

6) 拆卸后轴

与拆卸前轴大同小异，拆卸时可以参照前轴的方法。所以，这里仅对不同之处介绍如下：

(1) 拆卸半链罩车后轴时，先松开闸卡子，拧下两个轴母，将外垫圈、衣架、挡泥板支棍、车支架依次拆下，在链轮下端将链条向左用手(或用螺丝刀)推出，随即摇脚蹬子将链轮向后倒转。由于链条已被另一只手推出链轮，链条便从链轮上脱出。

(2) 全链罩车后轴的拆卸方法有好几种，其中一种简易的方法是，先将左边闸卡子的螺钉用螺丝刀拧松，并推向后方，将闸叉向左稍加掰开。有些轻便车的后平叉头是钩形的，拆卸装有全链罩车的后轴，不需要卸链子接头，钳形闸也不需拆卸车闸，而普通闸则需拆下闸叉。

(3) 拆卸后轴时，拧下轴母，将车架等卸下(全链罩车拆下后尾罩)，将车轮从钩形后叉头上向前下方推滑下来。最后从飞轮上拆下链条。

4. 装配内容

装配自行车前，先将零件擦拭干净，对已损坏的零件需用同规格的新的零件代替。

1) 前轴的装配

(1) 沿两边的轴碗(球道)内涂黄油(不要过多，要均匀)，把钢球装入轴碗。当装到后一个钢球时，要使一面钢球间留有半个钢球的间隙。如果是球架式钢球，就注意不要装反。钢球装好后，将防尘盖挡面向外，装在轴身内，用锤子沿防尘盖四周敲紧。

(2) 将前轴辊穿入轴身内，把轴挡(球道在前)拧在轴辊上。如用手拧不动，可以采用锁紧法(见前后轴的拆卸)。安装轴挡后要求轴辊两端露出的距离相等。

(3) 在轴的两端套入内垫圈(有的车没有)，并使垫圈紧靠轴挡，再将车轮装入前叉嘴上。

然后按顺序将泥板支棍、外垫圈套入前轴，再拧上前轴母。随后，扶正前车轮(使车轮与前叉左右的距离相等，前轴辊要上到前叉嘴的里端)，用扳手拧紧轴母。

(4)前轴安装好后，松紧要适当，要求不松不紧，转动灵活，不得出现卡住、振动等现象。具体的检查方法是，把车轮抬起，将气门提到与轴的平行线上，使车轮自由摆动，根据摆动间隙进行调整。调整时可用扳手将一个轴母拧松，用花扳手将轴挡向左或右调动(轴紧用扳手向左调动轴挡；轴松用扳手向右调动轴挡)，然后将轴母拧紧。

(5)将闸卡子移回原位置，装上闸叉，拧紧卡子螺钉。涨闸车要将涨闸去板固定在夹板内，最后锁紧螺钉。

2)后轴的装配

与前轴的装配大同小异，装配时可以参照前轴的方法。

(1)把钢球装入轴碗，将防尘盖挡面向外，装在轴身内，用锤子沿防尘盖四周敲紧。

(2)将后轴辊穿入轴身内，把轴挡拧在轴辊上，安装轴挡后要求轴棍两端露出的距离相等。

(3)在轴的两端套入内垫圈(有的车没有)，并使垫圈紧靠轴挡，再将链条套到飞轮上，将车轮装入钩形后叉头上。然后按顺序将自行车支架、书包架支棍、挡泥板支棍、外垫圈套入后轴，再拧上后轴母，随后，扶正后车轮(使车轮与后叉左右的距离相等)，用扳手拧紧轴母。

3)前叉的装配

(1)下档和下叉碗的装配，把下叉碗内钢珠装好，抹上黄油，用下挡挡好，然后装上前叉，把前叉装入车架，注意把下叉碗卡进车架。

(2)上档和上叉碗的装配，把上叉碗内钢珠装好，抹上黄油，把上叉碗装上前叉，把它卡进车架，然后装上上挡，用上档挡住上叉碗。

(3)锁母的装配，用手把锁母拧上，然后用工具拧紧。

4)轮胎的装配

轮胎紧固螺丝的装配，用手调节好轴挡的松紧和轴的长度，然后拧紧轴挡，把垫片调节好，再装上前叉，用扳手拧紧紧固螺丝。

5)车把立管的装配

(1)把芯丝杠和把芯螺母的装配，将把芯丝杠插入立管，然后下端与把芯螺母连接。

(2)立管的装配，将立管插入前叉上端，调节好立管的高度和车把的角度，保证车把与轮胎成90°的关系，然后拧紧把芯丝杠。

6)车闸的装配

(1)车闸的装配，大的一半车闸在前，小的一半车闸在后，两片之间装上垫片，然后把丝杠短的那头从后面插进去，前面拧上螺母稍加固定，不要拧紧，把铁钩放入丝杠的卡槽内，再拧紧螺母，然后挂上铁钩。再把刹车线通过零件和紧固零件装配好，拧紧通过零件的螺母，紧固零件的螺母不要拧紧，把刹车线穿进去。

(2)车闸与前叉装配，车闸与前叉，前叉与紧固车闸螺母这两个部位上装配弧形垫圈，然后拧紧紧固螺丝。

(3)车闸的调试，把刹车线的金属头放进刹车把，然后把金属线顺着刹车把的槽拉过来，把胶皮头卡进刹车把，然后一手捏住刹车，调节刹车皮与钢圈的间距在 3～4mm，另一只手把多余的刹车线扯到紧固零件的下面来，保证紧固零件上面的刹车线是绷紧的，然后把紧固零件的螺丝拧紧。

7) 收尾

(1) 清扫场地卫生，清点工具，评定实训成绩。

(2) 经指导老师同意，方可离开。

12.3　计算机拆装与组网及实训

不论何种计算机，它们都是由硬件和软件所组成，两者是不可分割的。人们把没有安装任何软件的计算机称为裸机。某种程度上，计算机硬件的性能决定了计算机软件的运行速度、显示效果等，而计算机软件则决定了计算机可完成的工作。硬件是计算机系统的躯体，软件是计算机的头脑和灵魂。

12.3.1　主板

主板是现代计算机最基本的也是最重要的部件之一。如图 12-10 所示，主板一般为矩形电路板，通常包括 BIOS 芯片、CPU 插槽、I/O 控制芯片、键盘和面板控制开关接口、指示灯插接件、扩充插槽、直流电源供电接插件等部件。大多数情况下，主板上配置有 6～8 个扩展插槽，供 PC 机外围设备的控制卡(适配器)插接。主板的类型和档次某种程度上决定着整个微机系统的类型和档次，其性能影响着整个微机系统的性能。

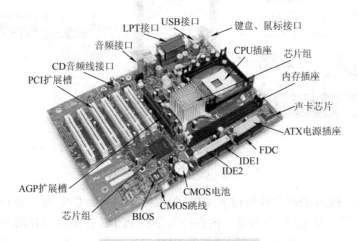

图 12-10　计算机主板部件构成

1. BIOS 芯片

BIOS 的全称为 Basic Input/Output System，BIOS 芯片是一块方形的存储器，芯片的内部通常都固化有键盘鼠标、串口并口、硬盘驱动器等系统启动所必需的基本驱动程序，能够让主板识别各种硬件，设置引导系统。BIOS 芯片故障会导致计算机无法开机的严重后果，例如早期 CIH 计算机病毒的攻击。

2. 南北桥芯片

主板上横跨 AGP 插槽左右两边的两块芯片就是南北桥芯片。南桥多位于 PCI 插槽的附近，而 CPU 插槽旁边，通常是北桥芯片。主板的芯片组通常以北桥芯片为核心，一般情况，主板的命名都是以北桥的核心名称命名的(如 P45 的主板就是用的 P45 的北桥芯片)。北桥芯片主要负责处理 CPU、内存、显卡三者间的数据交换和控制,因此其任务较重,发热量较大,通常需要配置散热装置。南桥芯片则负责硬盘等低速存储设备和 PCI 设备之间的数据流通。

随着英特尔基于 Lynnfield 和 Clarkdale 核心的处理器的到来,取而代之的是新的双芯片结构(即 CPU + PCH),如图 12-11 所示。原来北桥(GMCH,图形/存储器控制器中心)的大部分功能被整合到了 CPU 内部,其内存不再绕道北桥而直接与 CPU 通讯,大大提升了效率。而新的 PCH 芯片除了包含有原来南桥(ICH)的 I/O 功能外,原北桥中的显示单元、管理引擎单元等也被集成到了 PCH 中,因此,PCH 并不等于以前的南桥,它比以前南桥的功能要复杂得多。

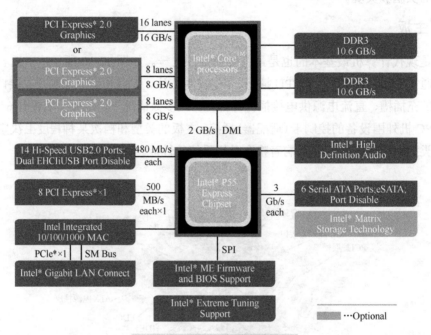

图 12-11　CPU+PCH 双芯片结构

在采用 CPU + PCH 的双芯片结构下,CPU 的内部可划分为 CPU 核心和 GPU 核心两部分,其中,GPU 核心包含有 GPU 控制器、内存控制器和 PCI-E 控制器等几部分,大致相当于原来意义上的北桥。CPU 与 PCH 间采用传统的 DMI(Direct Media Interface,直接媒体接口)总线进行通信,而 CPU 与 GPU 这两个核心之间是通过 QPI 总线来通信的,QPI 最高带宽可达到 25.6GB/s,DMI 总线的带宽仅有 2GB/s,两者显然不是一个数量级的。

3. 扩展插槽

主板上一些常见的主要扩展插槽如下。

1) 内存插槽

如图 12-12 所示,内存插槽一般位于 CPU 插座附近。主板所支持的内存种类和容量都由内存插槽来决定的。内存插槽通常最少有两个,最多的为 4 或者 6 或者 8 个。通常,要正确开启内存的双通道功能,最好在相同颜色的内存插槽中插入相同型号、相同容量的同一品牌的内存。

2) PCI 插槽

如图 12-13 所示，PCI 插槽多为乳白色。通常，台式机广泛采用的是 32bit、33MHz 的 PCI 总线，64bit 的 PCI 插槽更多是应用于服务器产品。由于 PCI 总线只有 133MB/s 的带宽，对声卡、网卡等绝大多数输入/输出设备绰绰有余，但对性能日益强大的显卡则无法满足其需求。现在，基本已被 PCI-E 总线所取代。

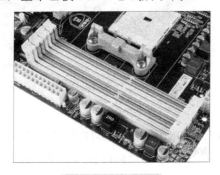
图 12-12　内存插槽

图 12-13　PCI 插槽

3) AGP 插槽

AGP（Accelerated Graphics Port）是在 PCI 总线基础上发展起来的，专门用于图形显示卡。如图 12-14 所示，通常位于北桥芯片和 PCI 插槽之间。AGP 插槽有 1×、2×、4× 和 8× 之分，AGP 的最高标准是 AGP 8X，其传输速率可达到 2.1GB/s。随着显卡速度的提高，AGP 插槽已经不能满足当前显卡传输数据的需求，目前 AGP 显卡已经逐渐淘汰，取代它的是 PCI Express 插槽。

4) PCI Express 插槽

如图 12-15 所示，PCI Express（PCI-E）是新一代的总线接口。根据总线位宽可分为 X1、X4、X8 以及 X16 模式。用于取代 AGP 接口的 PCI-E 采用 X16 模式，能够提供 4GB/s 左右的实际带宽，远远超过 AGP 8X 的 2.1GB/s 的带宽，目前最新的版本为 PCI-E 3.0。

图 12-14　AGP 插槽

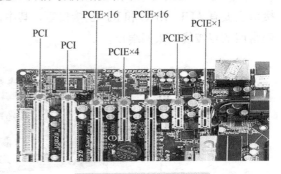
图 12-15　PCI Express 插槽

4. 外部设备接口

1) 硬盘接口

硬盘接口可分为 IDE 接口（图 12-16）和 SATA 接口（图 12-17）。新型主板上，IDE 接口大多缩减，甚至没有，取而代之的是更多的 SATA 接口。SATA 规范将硬盘的外部传输速率理论值提高到了 150MB/s，比 PATA 标准高出 50%。

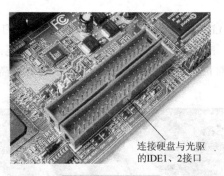

图 12-16 IDE 接口

连接硬盘与光驱的IDE1、2接口

图 12-17 SATA 接口

2) 显示设备接口

当前主流的计算机显示器输出接口是 VGA、DVI、HDMI,如图 12-18 所示,其中 VGA 传输的是模拟视频信号,DVI 传播的是数字视频信号,HDMI 可以同时传输数字视频信号和数字音频信号。

3) PS/2 接口

PS/2 接口的功能比较单一,仅能用于连接键盘和鼠标。如图 12-18 所示,一般情况下,鼠标的接口为绿色、键盘的接口为紫色。

4) USB 接口

USB 接口是现在最为流行的接口,其应用非常广泛。USB2.0 的理论最大传输带宽为 480Mbps(即 60MB/s),而 USB3.0 的理论最大传输带宽高达 5.0Gbps(625MB/s)。如图 12-18 所示,从外观上来看,USB2.0 通常是白色或黑色接口,而 USB3.0 则通常为蓝色接口,从插口引脚上来看,USB2.0 采用 4 针脚设计,而 USB3.0 则采取 9 针脚设计。

5) LAN 接口

LAN 接口是指局域网(Local Area Network)接口,用于将计算机接入网络。常见的以太网接口主要有 AUI、BNC 和 RJ-45 接口等,其中,RJ-45 端口最为常见,如图 12-18 所示,它是最常用的双绞线以太网端口。

鼠标
键盘
PS/2

DVI-I接口
VGA接口

HDMI接口 USB2.0

RJ45网口
USB2.0

USB3.0   音频接口

图 12-18 主板背部接口

5. CPU 插槽

CPU 需要通过某个接口与主板连接才能正常工作。CPU 历经多年的发展,采用的接口方式有引脚式、卡式、触点式、针脚式等。主板 CPU 插槽类型不同,在插孔数、体积、形状等方面都有变化，不同类型的 CPU 对应不同的 CPU 插槽。下面主要以 Intel 公司的 CPU 为例来简单了解 CPU 所对应的不同种类的插槽。

1）Socket 370

Socket 370 是 Intel 公司为赛扬系列 CPU 设计的插槽，Socket 370 架构是英特尔开发出来代替 SLOT 1 的架构，其基本特征是 370 插孔，兼容赛扬系列 CPU 及 Pentium III，如图 12-19 所示。

图 12-19　Socket 370 接口

2）Socket 423 和 Socket 478

如图 12-20 所示，Socket 423 是 Intel 公司为新一代处理器 Pentium 4 系列 CPU 而设计的插槽，它有 423 个插孔。虽然 Intel 公司的 Socket 423 插槽与 AMD 公司的 Athlon 处理器使用的 Socket 423 插脚相同，但两者并不兼容。第二代 Pentium 4 处理器则采用的是新的 Socket 478 插槽。

图 12-20　Socket 478 接口

3）LGA775

LGA 全称是 Land Grid Array，它用金属触点式封装取代了以往的针状插脚，是 INTEL64 位平台的封装方式。2004 年 6 月，首款采用 LGA775 封装的处理器发布，即 90 纳米制程的 LGA775 Pentium 4 处理器，如图 12-21 所示。

图 12-21　LGA775 接口

4) LGA 1155

LGA1155 是 2011 年 Intel 英特尔发布 "Sandy Bridge" 架构处理器采用的接口型号,官方名称为 Socket H2。2012 年 4 月,英特尔发布的"Ivy Bridge"22 纳米处理器继续使用 LGA1155。2013 年推出的 Haswell 架构处理器,采用了 LGA1150 插槽,如图 12-22 所示。

图 12-22　LGA1150 接口

CPU 的发展速度相当快,基本上每种型号的 CPU 在针脚、主频、工作电压、接口类型、封装等方面都有差异。近年来 CPU 在核心显卡的性能方面提升幅度较为明显,而在 CPU 运算处理能力方面的性能提升幅度则不是很明显,降低功耗成为了重点,低功耗处理器的发展也造就了现在超级本和各种平板的盛行。

12.3.2　内存

内存的作用是用于暂时存放 CPU 中的运算数据,以及与硬盘等外部存储器交换的数据。只要计算机在运行中,CPU 就会把需要运算的数据调到内存中,当运算完成后 CPU 再将结果传送出来。通常我们所说的内存是指 SDRAM,即同步动态随机存储器。目前,内存的主要产品均为 DDR 内存(Dual Data Rate SDRAM),即双倍速率 SDRAM 类型,类型如下。

(1)SDRAM:只利用正弦波的正电平的上沿传输数据,如 pc133;

(2)DDR1:允许在时钟脉冲的上升沿和下降沿传输数据,如 DDR200、DDR400;

(3)DDR2:同核心频率下理论速度是 DDR1 的 2 倍,如 DDR2 400、DDR2 800;

(4)DDR3:同核心频率下理论速度是 DDR2 的 2 倍,如 DDR3 800、DDR3 1600;

（5）DDR4：同核心频率下理论速度是 DDR3 的 2 倍，如 DDR4 2133、DDR4 2400；

在供电电压及引脚数量方面，DDR1 为 2.5V 供电，184 个引脚，；DDR2 为 1.8V 供电，DDR3 为 1.5V 供电，二者均为 240 个引脚，DDR4 为 1.2V 供电，有 284 个引脚。同时，从内存的防呆缺口的所处的位置，可以区分 DDR1～DDR3 类型的内存，如图 12-23 所示。对于识别 DDR4 内存而言，可以注意到其最大的变化在于底部金属触点的排列不再是直的，而是呈弯曲状。

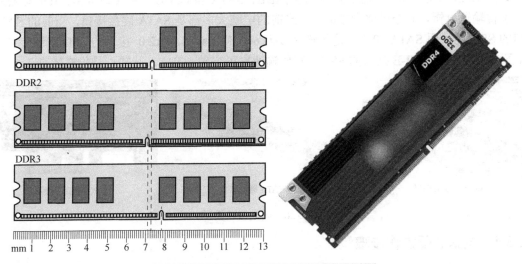

图 12-23　DDR1～DDR4 内存的外形与区别

12.3.3　硬盘

硬盘是计算机最主要的外部存储器，通常分为普通机械式硬盘普和固态硬盘。如图 12-24 所示，机械硬盘存储介质由金属材料涂上磁性物质的盘片与盘片读写装置组成，这些盘片与读写装置（驱动器）是在无尘状态下密封在一起的。

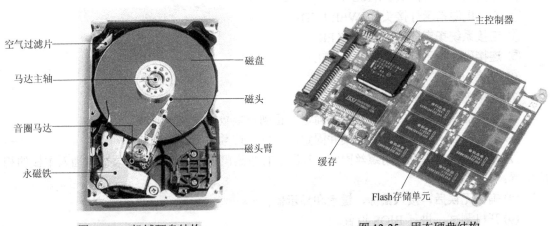

图 12-24　机械硬盘结构　　　　　　　　图 12-25　固态硬盘结构

如图 12-25 所示，固态硬盘（SSD）是用固态电子存储芯片阵列而制成的硬盘，由控制单元和存储单元（FLASH 芯片）组成。固态硬盘与普通机械式硬盘相比，拥有以下优点：

(1)启动快，没有电动机加速旋转的过程，不用磁头，寻址时间与数据存储位置无关，快速随机读取，延迟极小。

(2)内部不存在马达及任何机械动作部件，不会发生机械故障，工作时噪音值为0分贝。发生意外掉落或与振动时能够将数据丢失的可能性降到最小。

(3)固态硬盘比同容量机械硬盘体积小、重量轻。工作温度范围更大，大多数固态硬盘可在-10～70℃工作。

如图12-26所示，电脑硬盘接口主要有IDE、SATA和PCI-E三种接口类型，IDE硬盘接口由于传输速度慢，如今已逐步被淘汰，当前的电脑大多都是SATA硬盘接口，当前的SATA接口的SSD均采用SATA3.0，理论传输速度为600 MB/s，SATA2.0接口的SSD已逐步被淘汰。而最新的采用PCI-E接口的SSD，其传输速率可突破1GB/s，其缺点是价格较高。

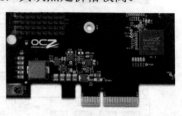

(a)IDE硬盘接口　　　　　　(b)SATA硬盘接口　　　　　　(c)PCI-E硬盘接口

图12-26　硬盘接口类型

12.3.4　电脑装配操作步骤

(1)将CPU装入主板，并在CPU表面涂散热膏硅脂，注意CPU的安装方向；

(2)安装CPU散热风扇，并固定好；

(3)将内存条装入主板，注意防呆缺口的位置，两条内存要插入同种颜色的插槽；

(4)参照主板说明书，正确连接机箱的前置USB，前置音频，以及开机按键和硬盘工作指示灯连线；

① 连接重启开关接头Reset SW；

② 连接电源开关接头PWR SW；

③ 连接电源指示灯接头POWER LED；

④ 连接系统扬声器接头SPEAKER；

⑤ 连接硬盘指示灯接头H.D.D LED；

⑥ 连接USB扩展线(一般有两组)；

⑦ 连接前置音频面板接头。

(5)将硬盘装入机箱的硬盘支架并固定，正确连接数据线及电源线；

(6)将光驱装入机箱的光驱支架并固定，正确连接数据线及电源线；

(7)将显卡插入主板并用螺丝固定，若显卡有散热风扇，需将风扇供电接口插入主板的相应位置；

(8)确认无误后，接入鼠标、键盘和显示器；

(9)开机测试，进行BIOS设置。

12.3.5　计算机网络及局域网

计算机网络是将地理位置不同，并具有独立功能的多个计算机系统通过设备和线路而连接起来，且以功能完善的网络软件(网络协议、信息交换方式及网络操作系统等)实现网络资源共享的系统。按照所覆盖的范围，计算机网络可分为局域网(LAN)、城域网(MAN)和广域网(WAN)。局域网大多分布于某个间房、某个楼层、整栋楼及楼群之间等，范围一般在 2km 以内，最大距离不超过 10km。它是在小型计算机和微型计算机大量推广使用之后过逐渐发展起来的。通常，构成局域网的网络硬件主要是服务器、网络工作站、网络适配器、路由器及传输介质等。局域网发展迅速，应用日益广泛，是目前计算机网络中最活跃的分支，图 12-27 为一个最简单的个人局域网结构。

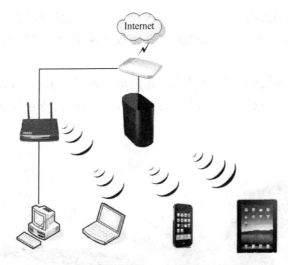

图 12-27　简单的个人局域网结构示意图

1. 双绞线与接线方式

在局域网中双绞线用得非常广泛，双绞线有两种基本类型：屏蔽双绞线和非屏蔽双绞线。常用的双绞线电缆是四对八芯，双绞线 4 对的颜色按标准分为：绿白／绿、橙白／橙、蓝白／蓝、棕白／棕，两根导线绞在一起主要是为了防止干扰(线对上的差分信号具有共模抑制干扰的作用)。双绞线通过 RJ45 接头(俗称水晶头)与网络设备(交换机、路由器等)相连接。RJ45 接头有 8 个铜片(俗称"金手指")，将双绞线的 4 对八芯线插入 RJ45 接头中，用专用的 RJ45 压线器将铜片压入线中，使之连接牢固。4 对八芯线与 RJ45 头连接的方法，可分为 T568A 和 T568B 两种方式，具体连接方式参照图 12-28。

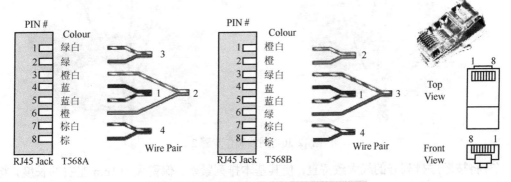

图 12-28　T568A 和 T568B 接线方式示意图

当双绞线的两端都使用相同的接线标准(即两端同为 T568A 或同为 T568B),称之为"平行线"做法,常用于电脑与路由器或交换机之间的连接,使用"平行线"做法时,目前广泛采用的是 T568B 方式,然而,具体是采用 T568A 还是 T568B,实际上并没有太大的区别,只要统一即可。当双绞线的两端都使用不同的接线标准(即一端为 T568A,另一端为 T568B),称之为"交叉线"做法,常用于将同种设备连接在一起:如计算机与计算机之间、交换机与交换机之间。

2. 使用 RJ45 水晶头制作网线

制作一根网线需要用到的材料为 2 个 RJ45 接头,一根双绞线(长度<100m),所需的工具为压线钳和网线测试仪,下面以 T568B 方式完成一根平行线的制作过程,具体的实施步骤如下。

(1)将网线放入压线钳的剥线刀口处,并留出大约 2~3cm,稍微用力握紧压线钳,并慢慢旋转,让刀口划开双绞线的外层保护胶皮,从而将其外层保护层剥掉,如图 12-29 所示。

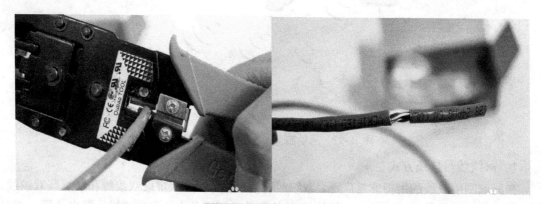

图 12-29　网线制作步骤 1

(2)将剥去保护层的双绞线中的 4 组线排开,并按照 T568B 的方式,从左向右依次排开:橙白、橙、绿白、蓝、蓝白、绿、棕白、棕,如图 12-30 所示。

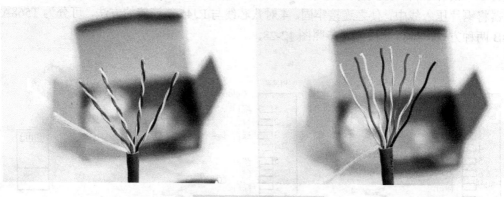

图 12-30　网线制作步骤 2

(3)将按顺序排列好的线大致捋直,使其基本排列紧密,保留大约 1cm 左右的长度,将多余的部分用压线钳的剪线口剪掉,使其前端平齐,如图 12-31 所示。

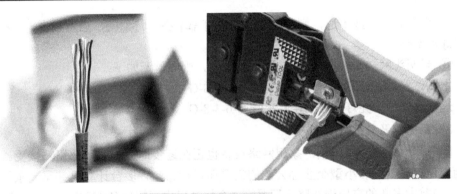

图 12-31　网线制作步骤 3

（4）取一个水晶头，将其具有 8 个金属片的一面朝上，带有弹片的一面朝下，将之前整理好的 8 根双绞线保持之前的排列方式，并排地插入水晶头中，插好后注意检查线的顺序，以及网线是否插入到水晶头的顶端，如图 12-32 所示。

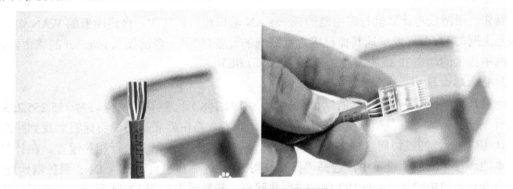

图 12-32　网线制作步骤 4

（5）将上一步中做好的水晶头插入压线钳的 8 槽压接口中，用力压紧网线钳，当听到啪的一声时，表明水晶头已经压好，如图 12-33 所示。

图 12-33　网线制作步骤 5

（6）按照同样的方法制作网线的另一端，将做好的双绞线两端分别插入网线测线仪的主测试仪和远程测试端的 RJ-45 插座内，打开主模块的电源开关，主测试仪和远程测试端的指示灯应该同步按"1-2-3-4-5-6-7-8-G"的顺序闪亮。

若出现连接错误时，可根据网线测试仪的工作指示灯进行判断：

① 当有一根网线（如 5 号线处于断路），则主测试仪和远程测试端的 5 号灯均不亮。

② 当有某几条线不通，则该几条线路的灯都不亮。特别的，当网线少于 2 根线连通时，所有灯均不亮。

③ 当两头网线乱序，例 3、7 两条线乱序，则应显示如下：

主测试器的亮灯顺序不变：1-2-3-4-5-6-7-8-G

远程测试端的亮灯顺序为：1-2-**7**-4-5-6-**3**-8-G

3. 路由器及其配置

随着网络发展越来越快，家用网络设备也正在逐步地被大家所认识与接受。家用路由器是为满足家庭上网和小型企业办公的的需要而设计，允许多台计算机共享一条宽带线路接入网络。当前大多数的家用无线路由器具有 4 个快速以太网接口(LAN 端口)、一个 WAN 接口(连接 INTERNE 设备)、一个电源接口和一个复位键。

下面以 TP-Link 品牌的 TL-WR740N 无线路由器为例，来了解家用无线路由器的配置过程。

1) 建立硬件连接

首先，用网线将计算机与路由器的任一 LAN 端口相连；其次，将路由器的 WAN 端口与可拨号上网的 Modem 或本地其他已接入互联网的设备(如另一台已接入 Internet 的路由器，或校园网中提供的动态 IP 或静态 IP 的网络接入端)相连。

2) 登录路由器

一般情况下，大多数路由器的默认 IP 地址为 192.168.1.1，默认子网掩码为 255.255.255.0，但也有不同，具体可以参阅路由器的使用说明，或者在路由器底部的说明标签上找到路由器的默认 IP 地址，通过访问这个 IP 地址计算机可以连接到路由器并进行相关设置。在计算机的"本地连接"的属性设置中，选择"自动获得 IP 地址"和"自动获得 DNS 服务器地址"，并在命令行窗口中输入"ping 192.168.1.1"并回车，若显示为如图 12-34 所示，则表示计算机与路由器已成功建立连接。

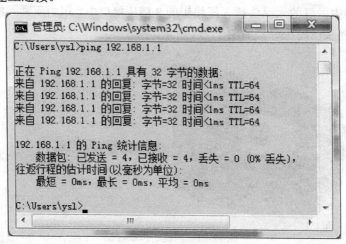

图 12-34　ping 命令运行结果

若要手动设置 IP 地址，若此时路由器的 IP 地址为 192.168.1.1，则计算机的 IP 地址必须为 192.168.1.X(X 为 2～254 之间的任意整数)，子网掩码为默认 255.255.255.0，默认网关应设置为 192.168.1.1。

接下来，在浏览器中输入路由器的 IP 地址 192.168.1.1，出现登录界面，输入用户名和密码即可进入路由器的设置界面。一般情况下用户名和密码的出厂默认值均为 admin，但不同品牌和不同型号的路由器也有不同，具体参看说明书或路由器底部的说明标签。

3) 路由器基本设置

单击界面左侧的"设置向导"菜单，进入上网方式选择页面，其中标识说明如下。

(1)"**PPPoE**"为虚拟拨号上网方式，是指需要输入网络服务商提供给用户的账号和密码进行 ADSL 虚拟拨号的方式上网；

(2)"**动态 IP**"是指可以自动从网络服务商获取 IP 地址的上网方式，选择该项则无需做任何设置，路由器自动获取的 IP 地址是由上一级路由器自动分配而来。

(3)"**静态 IP**"是指需要输入由网络服务商提供的 IP 地址、子网掩码、网关、DNS 等参数的上网方式，如校园网中提供的静态 IP 地址。

完成该项设置后，单击"下一步"，则进入"无线网络"参数设置界面，其中"SSID"处可自行命名该无线网络的名称，为保证网络安全，推荐选择"WPA-PSK/WPA2-PSK AES"加密方式，若需要选择无线工作模式，推荐选择"802.11bgn mixed"模式，其他选项一般选择"自动"即可。完成这些步骤后需重启路由器以使设置生效。

4) 路由器参数配置

重启路由器并成功登录到管理界面后，将会看到路由器当前的运行状态，包括 LAN 口状态，无线状态、WAN 口状态及流量统计等信息。下面主要介绍一下路由器管理页面的左侧菜单中一些常用的功能及配置。

"**网络参数**"菜单中，有"LAN 端口设置"、"WAN 端口设置"和"MAC 地址克隆"3个栏目。其中，"LAN 端口设置"中可以更改路由器的默认 IP 地址，此 IP 地址为 C 类 IP 地址，对应的子网掩码为"255.255.255.0"，适用于小型计算机网络。例如，可将 IP 地址更改为"192.168.5.1"，但相应计算机的 IP 地址范围应设置为"192.168.5.X(X 为 2～254 之间的任意整数)"。"WAN 端口设置"中的内容由于在之前的"设置向导"中已经完成，其余的一些高级选项，一般可以不做更改。"MAC 地址克隆"一般无需更改，除非网络服务商有此项要求。

"**无线参数**"菜单中有 5 个栏目，这里主要对"无线 MAC 地址过滤"和"主机状态"进行说明。在"主机状态"栏目中，可以查看当前连接到无线网络中的计算机数量及其基本信息。"MAC 地址过滤"是指通过 MAC 地址来拒绝或允许无线网络中的计算机通过路由器访问广域网，从而控制网络内用户的上网权限，例如想要禁止 MAC 地址为"00-21-8F-A5-D6-FA"的计算机访问无线网络，而其他计算机可以正常访问此无线网络，可以按如下步骤进行配置：

单击"启用过滤"按钮，开启无线网络的访问控制功能，并选择"禁止 列表中生效的MAC 地址访问本无线网络"；接下来，单击"添加新条目"，填入要禁止的 MAC 地址"00-21-8F-A5-D6-FA"，将"状态"设为"生效"，并保存，结果如图 12-35 所示。

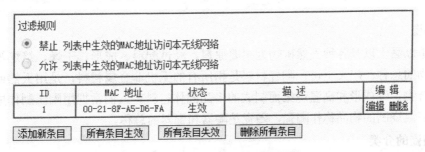

图 12-35　MAC 地址过滤功能设置

"**DHCP 服务器**"菜单有 3 个栏目，DHCP 是指动态主机控制协议（Dynamic Host Control Protocol），它能够给局域网中的计算机自动分配 IP 地址，开启 DHCP 服务后，局域网中的计算机可以从路由器动态获取 IP 地址，无需手动给计算机指派 IP 地址。在"DHCP 服务"栏目中可以看到 DHCP 基本设置界面，如图 12-36 所示，其中"地址池开始/结束地址"表示 DHCP 服务器分配 IP 地址的区间范围，局域网内的所有计算机自动获取的 IP 地址都将在该范围内，用户可以自行调整，"地址租期"表示在该段时间内，DHCP 服务器不会将某计算机获取的 IP 地址分配给其他计算机。若开启了路由器的 DHCP 服务器功能，则局域网中的计算机应设置为"自动获取 IP 地址"。

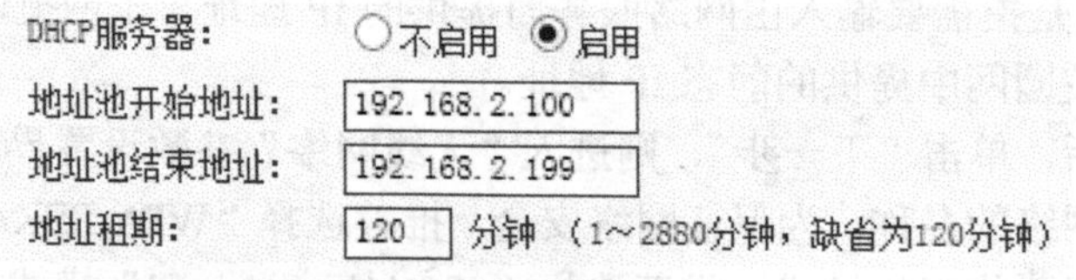

DHCP服务器：	○不启用　●启用
地址池开始地址：	192.168.2.100
地址池结束地址：	192.168.2.199
地址租期：	120 分钟 （1～2880分钟，缺省为120分钟）

图 12-36　启用 DHCP 服务设置

在"客户端列表"栏目中，可以查看当前所有通过 DHCP 服务器获得 IP 地址的计算机的信息。在"静态地址分配"栏目中，用户可以自行为指定 MAC 地址的计算机预留一个指定的 IP 地址，当该计算机请求分配 IP 地址时，DHCP 服务器将给它分配在表中预留的 IP 地址，如图 12-37 所示。

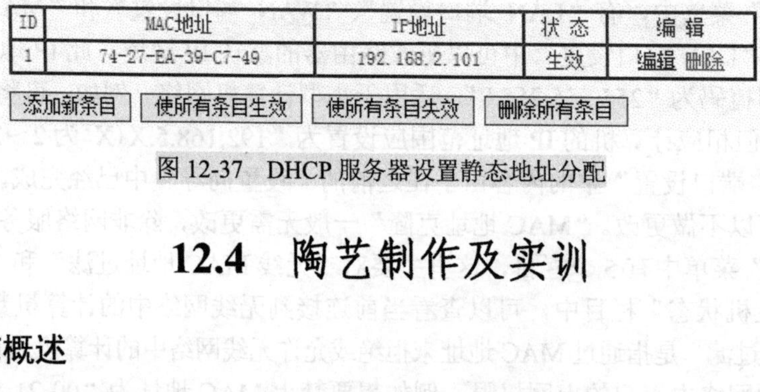

ID	MAC地址	IP地址	状 态	编 辑
1	74-27-EA-39-C7-49	192.168.2.101	生效	编辑 删除

添加新条目　　使所有条目生效　　使所有条目失效　　删除所有条目

图 12-37　DHCP 服务器设置静态地址分配

12.4　陶艺制作及实训

12.4.1　陶艺概述

陶艺，是陶瓷艺术的简称，从历史的发展可知，"陶瓷艺术"是一门综合艺术，经历了一个复杂而漫长的文化积淀历程。它与绘画、雕塑、设计以及其他工艺美术等有着无法割舍的传承与比照关系。20 世纪 80 年代中后期，随着西方现代艺术的介入，西方的"当代陶艺"观念对中国陶瓷艺术产生了广泛而深刻的影响，"陶艺"的概念也一度成为了陶瓷艺术界的新时尚。

1. 陶瓷

陶瓷是以黏土以及各种天然矿物为主要原料，经过配料、成形、干燥、焙烧等工艺流程制成的器物的总称。广义上讲，陶瓷材料是指所有的无机非金属材料，是用天然或人工合成的粉状化合物，经成形和高温烧结而制成的多晶固体材料。人们常把用陶土制作成的在专门的窑炉中高温烧制的物品称作陶瓷，陶瓷是陶器和瓷器的总称。

2. 陶瓷的分类

人们习惯把陶瓷分为两大类，即普通陶瓷和特种陶瓷。普通陶瓷是以天然硅酸盐矿物为主要原料，如黏土、石英、长石等；特种陶瓷是以纯度较高的人工合成化合物为主要原料的人工合成材料，如氧化铝、碳化硅、氮化硅、氮化硼等。

通俗地讲用陶土烧制的器皿叫陶器，如图 12-38 所示。与瓷相比，陶的质地相对松散，颗粒也较粗，烧制温度较低，烧成后色泽自然成趣，古朴大方，成为许多艺术家所喜爱的造型表现材料之一。陶的种类很多，常见的有黑陶、白陶、红陶、灰陶和黄陶等。红陶、灰陶和黑陶等采用含铁量较高的陶土为原料，铁质陶土在氧化气氛下呈红色，还原气氛下呈灰色或黑色。

用瓷土烧制的器皿叫瓷器，如图 12-39 所示。与陶相比，瓷的质地坚硬、细密、严禁、耐高温、釉色丰富等特点，烧制温度较高，常有人形容瓷器"声如磬、明如镜、颜如玉、薄如纸"，瓷多给人感觉是高贵华丽，和陶的那种朴实正好相反。所以在很多艺术家创作陶瓷艺术品时会着重突出陶或瓷的质感所带给欣赏者截然不同的感官享受。

图 12-38 秦代陶器

图 12-39 宋代青瓷

3. 陶器与瓷器的不同点

陶器和瓷器是人们经常接触的日用品，从表面上看很相似，但它们还是有不同特色的。由于陶器发明在前，瓷器发明在后，所以瓷器的发明，很多方面受到了陶器生产的影响。但陶与瓷无论就物理性能，还是就化学成分而言，都有本质的不同。陶器与瓷器的主要不同点表现在以下几个方面。

1) 烧成温度不同

陶器烧成温度一般都低于瓷器，最低甚至达到 800℃以下，最高可达 1100℃左右。瓷器的烧成温度则比较高，大都在 1200℃以上，甚至有的达到 1400℃左右。

2) 坚硬程度不同

陶器烧成温度低，坯体并未完全烧结，敲击时声音发闷，胎体硬度较差，有的甚至可以用钢刀划出沟痕。瓷器的烧成温度高，胎体基本烧结，敲击时声音清脆，胎体表面用一般钢刀很难划出沟痕。

3) 使用原料不同

陶器使用一般黏土即可制坯烧成，瓷器则需要选择特定的材料，以高岭土作坯。烧成温度在陶器所需要的温度阶段，则可成为陶器，例如古代的白陶就是如此烧成的。高岭土在烧制瓷器所需要的温度下，所制的坯体则成为瓷器。但是一般制作陶器的黏土制成的坯体，在烧到 1200℃时，则不可能成为瓷器，会被烧熔为玻璃质。

4)透明度不同

陶器的坯体即使比较薄也不具备半透明的特点。例如龙山文化的黑陶,薄如蛋壳,却并不透明。瓷器的胎体无论薄厚,都具有半透明的特点。

5)釉料不同

陶器有不挂釉和挂釉的两种,挂釉的陶器釉料在较低的烧成温度时即可熔融。瓷器的釉料有两种,既可在高温下与胎体一次烧成,也可在高温素烧胎上再挂低温釉,第二次低温烧成。

12.4.2　陶艺制作工具、设备与材料

1. 陶艺制作工具与设备

"工欲善其事,必先利其器",虽然手是最基本的制陶"工具",但是制陶时的一些常备工具也是必不可少的。陶艺强调手感,工具运用得当,能取得一些特殊的效果。下面就陶艺制作所需的工具与设备做简单的介绍。

首先要一张陶艺桌,桌面厚度 1 寸以上,宽 60cm,长 240cm,高 75cm 为宜。陶艺桌可以方便地存放工作时所需要的工具和材料。高度为 75cm,适合多数人的身高、提高工作效率与舒适度。然后还需要电动拉坯机、轮盘、制陶工具、泥板制作工具、釉下彩绘工具、釉上彩绘工具等,如图 12-40 所示。

(a)陶艺桌

(b)拉坯机

(c)轮盘

(d)制陶工具

(e)泥板制作工具

(f)釉下彩绘工具

(g)釉上彩绘工具

图 12-40　陶艺制作工具与设备

2. 陶艺制作材料

陶艺是以泥土为主要表达介质的艺术形式,操作者对泥的体验、对泥性的感受是驾驭泥的可塑性的主要方式。因此,在制作陶艺作品以前,应对泥料的可塑性、黏合性、收缩性、泥浆的流动性和悬浮性等有一定的了解,要初步掌握陶瓷泥料的基本特征。制作陶器还是瓷器,使用的泥料是不同的。通常主要从直觉和表面效果方面将泥料分为陶泥和瓷泥。陶泥又可分为细陶泥、普通陶泥和粗陶泥;瓷泥又可分为细瓷泥、粗瓷泥和普通瓷泥。

我们在制作陶艺作品之前,首先需要进行揉泥这道工序。主要目的是将泥料中残余的气泡以手工搓揉的方法排出,使黏土中的水分进一步均匀,增加黏土的可塑性和柔韧性,并防

止烧成过程中产生气泡、变形或开裂。在揉泥过程中，要掌握好黏土的干湿程度，视情况可适量做加水或脱水处理。工业生产中常采用机械真空练泥机练泥。

揉泥的方法一般有两种：菊花形揉泥法和羊头形揉泥法分别如图 12-41(a)、(b)所示。

 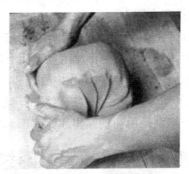

(a)菊花形揉泥法　　　　　　　　　　　　　　(b)羊头形揉泥法

图 12-41　揉泥

12.4.3　陶艺成形工艺

成形就是将加工好的陶泥采用各种不同的外力，使泥料产生塑性变形的成形方法。在漫长的陶瓷工艺发展过程中，成形工艺已形成了一整套完备的、科学的技术。由于塑造作品的目的不同，其采用的成形工艺手段也不尽相同，较为常见的有拉坯成形、泥板成形、泥条盘筑、泥塑成形、捏塑成形等。在本节，重点介绍陶艺的拉坯成形、泥板成形和泥条盘筑成形3 种陶艺成形方法。

1. 拉坯成形

拉坯成形是利用拉坯机产生的离心运动，使泥料按照设计构思拉伸成形。它是一种手工技艺性很强的方式，完全依赖于手法的熟练程度，它是陶瓷发展到一定阶段出现的较为先进的成形工艺，是陶瓷历史上得一个重大的革命。它不仅提高了工作效率，而且用这种方法制作的器物更完美、精致，同时可以拉塑出大型的作品。新石器时代的仰韶文化已经出现了慢轮辅助成形，后来发展到快轮，从此拉坯以其不可替代的优势成为陶瓷成形工艺的主流。用拉坯的方法可以制作圆形、弧型等浑圆的造型，如图 12-42 所示。

(a)　　　　　　　　　　　　　　　(b)

图 12-42　拉坯成形作品

1)拉坯成形步骤

拉坯成形步骤如图 12-43 所示。

(1)定泥：将一块揉好的适量的泥团放在轮盘中心，启动拉坯机，为使双手稳定，可将两手臂支撑在大腿上。

(2)把正：用双手捧住泥团，轻轻向内挤压，使泥团保持在转盘的正中心，即所谓"把正"。

(3)成形：用双手将泥团自下而上拉升成笔直的泥柱，用拇指伸向泥柱中央并下压，使泥柱呈凹形，再将手伸入泥柱中央使凹形慢慢扩大，边扩大边向上提拉成筒形，要求筒形笔直，筒壁厚薄均匀，最后扩大成需要的形状。

(4)切割：用切割丝将坯体底部和转盘分开，放在提前准备的木板上。

　　(a)定泥　　　　　　　　(b)开孔　　　　　　　　(c)拉伸　　　　　　　　(d)成形

图 12-43　拉坯成形演示

2)拉坯成形后的修坯

拉坯成形的陶瓷表面大多数要上釉或做其他装饰，坯体表面的平整与光滑就非常重要，要达到这种效果，就需要修坯。修坯也叫利坯，它是将干燥到一定程度的圆形工整坯胎，放置于拉坯机台面上，尽可能地找准中心位置，四周用小泥球相对固定，启动电动机，利用铁制刀具在坯体内外旋削，使拉坯成形的作品表面光洁、形体连贯，工整一致。利坯是最后确定器物形状的关键环节，它不仅使作品看着更精致，同时又可节约烧制燃料。

在修坯后，对干燥的坯体还需要补水，补水是指用特定的补水笔蘸清水对坯体进行刷抹。坯体在补水以前必须先清扫坯体内的灰尘等杂质。补水一方面是使坯体表面更加平整光滑，消除利坯时的刀痕，另一方面是发现隐匿的气孔和死泥(揉泥时未发现的硬泥块)，保证作品的质量。

2. 泥板成形

泥板成形又称镶器成形，它是先将泥料拍打、擀压、切割成所需形状的泥板，再按所需形状进行造型。传统的宜兴紫砂壶的制作就是典型的泥板成形工艺。

利用泥板制作陶艺，其应用范围相当广泛，从平面到立体，变化无穷。当泥板半干时，可用来制作一些挺直的器物，如同木工制作一样，可称之为"黏土木工"；较湿的泥板，则可用来扭曲、卷合，做成自由而柔美的造型；也可以利用各种模型在泥板上压出特定的形状。甚至在压制泥板的同时，也可以顺手在土板上压印下各种纹理，增加作陶的乐趣，如图 12-44 所示。

(a)　　　　　　　　　　　　　　　　　(b)

图 12-44　泥板成形作品

1) 泥板的制作方式

常见的泥板制作方式可分为以下几种。

(1) 滚压法：当需要较大面积的泥板时，可采用滚压法。制作时，最好先在工作台面垫上一层帆布，以免滚压后泥板粘住桌面，无法移动。先将泥团用手打平压扁；再用手掌侧面将压扁的泥土再行打薄；泥团被打薄后，分别在两旁放置同样厚度的木板条(厚度是根据作品所需的泥板厚度而定)；用擀泥杖在泥土上从中间向两端擀，并使泥土被压擀成与木板条同样厚度的泥板。

(2) 拍片法：用木板、木棍或陶拍反复拍打泥团，可使泥团成板状，如果在木板或木棒上包裹不同质感的纤维线、麻布等材料拍打泥团，会在泥板表面留下不同的肌理。

2) 泥板成形步骤

泥板成形工艺制作非常丰富，手法多样，它完全取决于不同的创作形式而采用不同的泥板成形工艺。其中，箱器式成形法和卷筒式成形法是基本的泥板成形工艺，如图 12-45 所示。

(1) 箱器式成形法：首先要计算作品各面的比例和尺寸，在泥板上切割成不同的面；待泥板干燥到一定程度，可竖立时，将需要镶接的部位刮毛，并涂上泥浆，然后将两块泥板镶接面合上，用手压紧、压实；待作品干燥到一定程度，使用工具修整镶接处，并装饰表面，待烧制。

(a) 箱器式成形法　　　　　　　　　　　(b) 卷筒式成形法

图 12-45　泥板成形

(2) 卷筒式成形法：首先要算出作品的高度、直径与周长等尺寸，将制好的泥板切割成相应的形状；可选用纸团做内部支撑物，将泥板慢慢卷裹成筒状，将泥缝间压紧压实，将裹好的泥板竖立起来放在作品的底板上,并与之相连;坯体干燥到可直立后,对外形进行修饰,待烧制。

3. 泥条盘筑成形

泥条盘筑法是人类最古老的陶艺成形方法之一。它是用粗细一致的泥条,层层盘叠垒筑,按着渐次增大或减小的规律连接在一起,垒集成所需要的形体。这种方法是拉坯等其他一些成形方法所不能替代的,也是现代陶艺家创作中主要采用的一种成形方法,如图 12-46 所示。

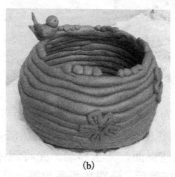

(a)　　　　　　　　　　　　(b)　　　　　　　　　　　　(c)

图 12-46　泥条盘筑成形作品

泥条盘筑成形步骤如下。

(1)搓条:将泥料搓成泥条,粗细可依据作品大小来定,泥条直径一般在 1.5～5.0mm。

(2)底部造型:在转盘上放好木板,在木板上放张纸,将做好的作品底板放在纸张上,作品的底板可以是泥板成形的也可以是泥条盘筑的。

(3)成形:用泥条沿作品底部边沿层层向上盘筑,盘筑几层后需用手扶住外形,用另一只手或工具将形体内部层与层之间抹平,使泥条间连接好。按照作品的造型走向逐渐盘筑成形。

(4)整形:基本形体完成后,可用泥条、泥团或泥片在作品表面作点缀,或用工具刻画、剔刮等直至泥条盘筑成形完成。图 12-47 所示为泥条盘筑过程。

图 12-47　泥条盘筑过程

12.4.4　陶艺装饰技法与烧制

坯体完成以后，为了使作品更加美观，可以对坯体表面进行装饰与加工。要想使陶艺作品真正具有使用功能，还需要经过烧制，这也是陶瓷材料区别于其他材料的重要工序。本节就陶艺的装饰与烧制做简单的介绍。

1. 坯体的装饰

当今坯体装饰技法已非常丰富，常见的有压印法、粘贴法、雕刻法和镶嵌法。

(1)压印法是通过媒介物转化到坯体上来形成肌理效果的。在现实生活中能转化形成肌理的媒介物是举不胜举的，如自然界中各具特色的老树干、叶脉、枝丫或粗糙的石头面等；日常生活中如竹帘、麻布、绳子、原子笔等。

(2)粘贴法是从传统的贴花工艺发展而来的，将模塑浅雕的图案纹样用泥浆黏附在器物胎面，然后施釉入窑烧制。这种装饰手法是在陶艺制作成形时，最为常用的手法之一。它除了可以修正陶艺作品上的比例缺陷外，还可以借着粘贴在坯体表面上的土片、泥条等装饰，增加肌理上的层次感，使作品更富趣味和变化。

(3)雕刻法是在光滑的坯体表面上进行的，它类似于现代砖雕中的阴刻手法。粘贴法，虽然也用雕刻语言，但它是在平整的坯体上制造出立体性效果。常用的雕刻手法有：刻绘、浮雕、透刻。

(4)镶嵌法是用铅笔在半干的坯体上，双钩出装饰纹饰，然后用金属工具剔去纹饰部分，形成凹纹，然后在凹纹内填入相同材质不同色泽的泥料，再用金属型板刮掉多余的泥料，并将其压光即成。注意在填入色泥前，应先将坯体润湿，以防止色泥在坯体干燥后开裂。填入花纹的色泥应高于坯体的表面，因为色泥湿度大，收缩量将大于坯体。

2. 釉彩装饰

陶瓷彩绘一般分为釉下、釉上、釉中三种。采用浇、喷、蘸、画、点或嵌等多种上釉方式，都可以得到不同的视觉效果。釉是熔融在黏土制品表面上一层很薄的玻璃质薄层，它具有玻璃所固有的一切物理化学性质，平滑光亮，硬度大，能抵抗酸和碱的侵蚀(氢氟酸和热强碱除外)，由于质地致密，对液体和气体均呈不渗透性质。

施釉是指在成形的陶瓷坯体表面施以釉浆。主要有浸釉、荡釉、刷釉、喷釉、洒釉等多种方法，按坯体的不同形状、厚薄，采用相应的施釉方法。

(1)浸釉又叫"蘸釉"，为最基本的施釉方法之一。将坯体浸入釉浆中片刻后取出，利用坯体的吸水性，使釉浆均匀地附着于坯体表面。釉层厚度由坯体的吸水率、釉浆浓度和浸入时间决定。

(2)荡釉即"荡内釉"，把釉浆注入坯体内部，然后将坯体上下左右施荡，使釉浆布满坯体，再倾倒出多余的釉浆。荡釉法适用于小而腹深的制品，如壶、瓶等内部上釉。

(3)刷釉又称"涂釉"。方法是用毛笔或刷子蘸取釉浆均匀地涂在器体表面，多用于长方有棱角的器物或是局部上釉、补釉，或同一坯体上施几种不同釉料等情况。

(4)喷釉是应用喷壶式的上釉器具，用气吹使釉壶内的釉浆受压雾化成微小的粒子，吹或喷在坯体表面。为避免釉层剥落，一般待釉层稍干后再逐渐把釉层喷厚。

(5)洒釉又称洒彩。在坯体上先施一种釉，然后将另一种釉料洒散其上，使两种釉色产生网状交织，线面对比，方向变化的纹理。

施釉方法还有淋釉、画釉、弹釉等多种方式，作品不同施釉方式不可能一样，需要在陶艺实践中不断摸索总结。

3. 烧制

陶艺被称为火的艺术，火不仅使黏土、釉色酿成了一种新的物质，并且赋予其美感，陶瓷的烧成工艺是指在各种窑炉中用有控制的、持续的温度对黏土或黏土和釉料进行处理的过程，使之板结坚硬，成为陶瓷。

1) 装窑

装窑又称满窑，是烧制前的一道准备工序，是作品最终成败的关键。装窑时要根据不同泥料的坯体，不同色釉的组成和呈色要求来制定装窑顺序。如装窑不当不仅影响烧窑操作的正常进行，甚至影响最终产品的成品率。

2) 本烧工艺

陶艺作品上釉后，用高温一次烧成，使坯体完全烧结，釉料完全熔化，称为本烧。一般烧成温度为 $900\sim1000℃$。

3) 素烧工艺

作品表面不上釉直接烧成称为素烧，采用素烧方法的目的是增加坯体的机械强度，不易损坏。在正品素烧坯上施釉，可提高正品率、减少废品和次品率。一般情况下，陶的素烧温度为 $900\sim1100℃$。瓷的素烧温度为 $1100\sim1300℃$。

4) 釉烧工艺

釉烧也是广为人知的一种烧制方法，通常是在素烧和上釉之后的第二次烧制，为的是把釉料融化到器皿上。其窑火温度的高低根据陶器或瓷器及釉料的成分而有所不同。釉烧温度一般为 $950\sim1050℃$。

12.4.5　陶艺实训

1. 陶艺教学基本要求

(1) 了解陶艺制作基本工艺流程以及陶与瓷的区别；

(2) 了解陶艺泥坯成形的基本方法；

(3) 了解拉坯机的结构、工作原理及各部分的功用；

(4) 学习拉坯成形的基本成形方法；

(5) 了解泥板成形与泥条盘筑成形的基本方法。

2. 陶艺安全技术操作规程

(1) 进入训练场地要安全着装，认真听讲，仔细观察，严禁嬉戏打闹，保持场地干净整洁。

(2) 学生只有在熟悉相关设备和工具的正确使用方法后，才能进行操作。

(3) 揉泥时应将台面收拾干净，以防硬物混入泥中在拉坯时将手划伤。

(4) 拉坯练习时，拉坯机转速不宜过高，以免将泥团甩出。使用工具修坯时应拿稳工具，以免将手划伤或将坯体损伤。

(5) 设备清洗时，不能直接用水冲洗，以防触电或使设备短路。训练结束后应关闭电源，物归原处，将场地清扫干净。

3. 陶艺教学内容

1) 单元一

(1) 陶艺安全技术操作规程讲解；

(2)简要介绍陶艺的分类、特点及应用范围；

(3)拉坯机基本结构、工作原理以及操作方法介绍；

(4)拉坯机正确操作方法及拉坯成形示范；

(5)学生拉坯机操作练习并完成课堂作品制作；

(6)清洁工具，清扫场地，提交作品。

2)单元二

(1)陶艺安全技术操作规程讲解；

(2)泥板成形法与泥条盘筑成形法简介；

(3)泥板成形法工艺示范；

(4)泥条盘筑成形法示范；

(5)泥板成形法操作练习并完成课堂作品制作；

(6)泥条盘筑成形法操作练习并完成课堂作品制作；

(7)清洁工具，清扫场地，提交作品。

12.5　ERP 沙盘模拟经营及实训

12.5.1　ERP 沙盘模拟经营简介

ERP 是英文 Enterprise Resource Planning(企业资源计划)的简写。ERP 是指建立在信息技术基础上，以系统化的管理思想，为企业决策层及员工提供决策运行手段的管理平台。ERP 系统集信息技术与先进的管理思想于一身，成为现代企业的运行模式，反映时代对企业合理调配资源、最大化地创造社会财富的要求，成为企业在信息时代生存和发展的基石。

"ERP 沙盘模拟经营"是基于传统教学不够形象直观，在充分调研 ERP 课程内容的需要，汲取了国内外咨询公司和培训机构的管理训练课程精髓的前提下设计的企业经营管理实训课程。该课程采用哈佛大学常用的沙盘情境教学模式，通过情景模拟展示企业经营和管理的过程，把该模拟企业运营的关键环节：战略规划、资金筹集、市场营销、产品研发、生产组织、物料采购、设备投资与改造、财务核算与管理等几个部分设计为 ERP 沙盘模拟课程的主题内容，把企业运营所处的内外部环境抽象为一系列规则，由受训同学 5 人或 6 人组成一个小组，分别担任总经理、财务总监、市场总监、生产总监、销售总监等职务，真实模拟一个企业的经营，分组对抗模拟整个市场的竞争环境，通过一定年限的运营，使受训同学在分析市场、制定战略、营销策划、组织生产、财务管理等一系列活动中，达到企业以销定产、以产定料，以料的需求来驱动资金的良性循环，从而不断地压缩企业投资规模，加快企业资金周转，修正日常运作中的偏差，从而参悟科学的管理规律，全面提升管理能力。

ERP 沙盘模拟经营课程的基础背景设定为已经经营若干年的生产型企业，每个企业都拥有相同的资金、设备和固定资产。各企业从市场中取得订单，然后用现金购买原材料，投入生产，最后完工交货，从客户手中获得现金，可用现金为企业投放广告，开发新的产品，支付员工工资及福利，支付国家税收等，当资金短缺时可向银行申请贷款或变卖固定资产。虽然都有相同的起始资金，都遵守相同的规则，但通过不同的手段，连续从事一定年度的经营活动，竞争企业运营之后会产生不一样的结果。面对同行的竞争、产品老化、市场单一化，公司要如何保持成功以及不断的成长是每位成员面临的重大挑战。

12.5.2　ERP 沙盘设计

　　沙盘作为企业经营管理的道具，需要系统和概略性地体现企业的主要业务流程和组织架构。一般的企业管理沙盘包括企业生产设施和生产过程、财务资金运转过程、市场营销和产品销售、原材料供应、产品开发等主要内容，如图 12-48 所示。

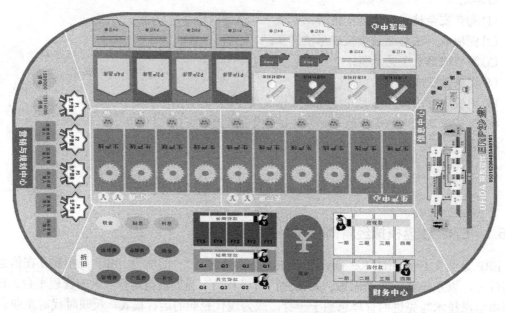

图 12-48　ERP 沙盘盘面

　　ERP 沙盘设计了营销与规划中心、财务中心、生产中心、物流中心以及信息中心。(职位)角色可以配备总裁(CEO)、营销总监、财务总监、采购总监、生产总监。

1. 财务中心

　　财务中心模拟企业资金运转过程，包括资金筹措、资金运用和资金核算。财务中心包括贷款、应收款、应付款和现金，如图 12-49 所示。

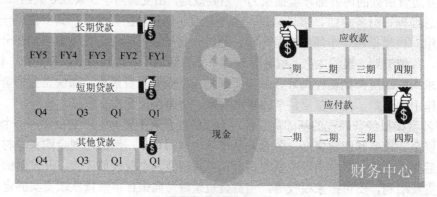

图 12-49　财务中心

2. 生产中心

　　生产中心包括厂房、生产线和产品。厂房是制造企业的主要建筑物，是生产设备的放置场所，是产品制造场所。ERP 沙盘设置了大厂房和小厂房各一个。大厂房可以容纳 6 条生产线，小厂房可以容纳 4 条生产线，如图 12-50 所示。厂房可以购买或者租赁，只有先进行购买或租赁后方可在厂房内设置生产线。

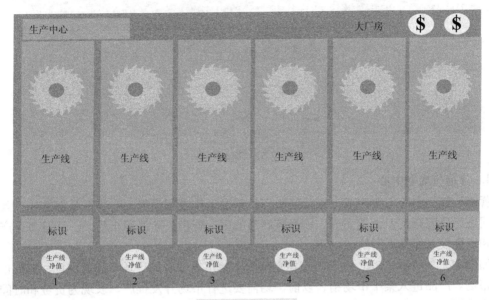

图 12-50　生产中心

生产线是制造具体产品的生产设备，ERP 沙盘考虑到不同的生产设备投资、生产能力以及规模经济点和生产线转产实践的不同，设计了 4 种类型的生产线：手工生产线、半自动生产线、全自动生产线、柔性生产线，如图 12-51 所示。各种生产线的投资大小、建造时间、生产时间、产能、转产时间以及维护费用、折旧、残值都是不同的，并且生产线的建造需要在生产厂房的容量范围内，也就是在厂房内有空位置时才能建造生产线。

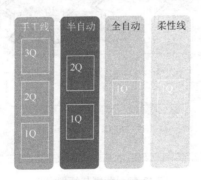

图 12-51　生产线

3. 物流中心

物流中心主要模拟企业的物流采购储存过程。ERP 沙盘设计的物流中心如图 12-52 所示。包括产品 P1、P2、P3、P4 的原料订单、在途物资、原料仓库、产成品仓库、产成品需求订单。产品原材料需要预先订购，并且可能存在运输时间，形成在途物资。各种原材料的价格不同，并且可能随采购量的变化而变化。

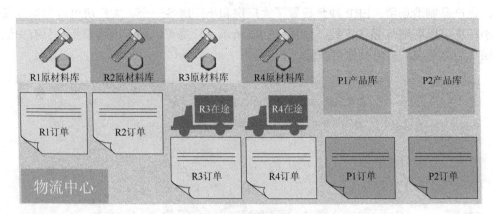

图 12-52　物流中心

4. 营销与规划中心

营销与规划中心主要完成市场营销和产品开发运作过程模拟。4 种产品都需要投入资金和时间进行研究开发，开发完成，取得该产品的生产资格，才能用于生产。开发每个产品的时间和资金投入都是不同的。

如图 12-53 所示，ERP 沙盘将市场划分为本地市场、区域市场、国内市场、亚洲市场和国际市场。产品进入某个市场销售以前，均需要进行市场开发推广，表现为资金和时间的投入，市场开发以后还要进行市场维护。

为了表现企业在质量管理和环境保护方面的水平，ERP 沙盘设计了 ISO 9000 质量认证和 ISO 14000 环境认证资格，分别代表企业在质量和环保方面的能力。沙盘设计了获得这两项认证需要的时间和费用，以表示企业在这方面的努力和投入。

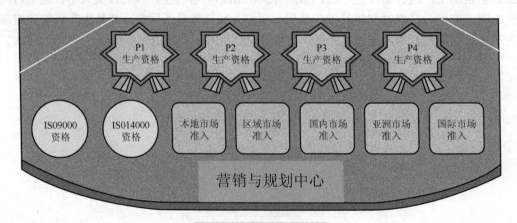

图 12-53　营销与规划中心

12.5.3　模拟企业简介

模拟企业是一个典型的制造型企业，生产制造的产品是虚拟的产品，即 P 系列产品：P1、P2、P3、P4。该企业创建已有 3 年，长期专注于某行业 P 系列产品的生产与经营。目前企业拥有一个大厂房，其中安装了 3 条手工生产线和 1 条半自动生产线，运行状态良好。所有生产设备全部生产 P1 产品，几年以来一直只在本地市场进行销售，有一定的知名度，客户也很满意。

企业上一年盈利 300 万元，增长已经放缓。生产设备陈旧，产品、市场单一，企业管理层长期以来墨守成规，导致企业已经缺乏必要的活力，目前虽尚未衰败，但也近乎停滞不前。鉴于此，公司董事会以及全体股东决定将企业交给一批优秀的新人(模拟经营者)去发展，他们希望新的管理层能够把握时机，抓住机遇，投资新产品开发，使公司的市场地位得到进一步提升；在全球市场广泛开发之际，积极开发本地市场以外的其他新市场，进一步扩展市场领域；扩大生产规模，采用现代化生产手段，努力提高生产效率；研究在信息时代如何借助先进的管理工具提高企业管理水平；增强企业凝聚力，形成鲜明的企业文化；加强团队建设，提高组织效率，全面带领企业进入快速发展阶段。

任何一个企业都要建立与其企业类型相适合的组织机构。模拟企业采用了简化企业组织机构的方式，企业组织有几个主要角色代表，包括首席执行官、财务总监、营销总监、生产总监、采购总监。下面对每个角色的岗位职责做简单描述，以便模拟经营者根据自身情况选择相应职位。

1. 首席执行官

企业所有的重要决策均由首席执行官(CEO)带领团队成员共同决定，如果大家意见相左，由 CEO 拍板决定。每年制订全年计划，所有人可由 CEO 调动。

2. 财务总监、财务助理

在企业中，财务与会计的职能常常是分离的，它们有着不同的目标和工作内容。会计主要负责日常现金收支管理，定期核查企业的经营状况，核算企业的经营成果，制定预算及对成本数据的分类和分析。财务的职责主要负责资金的筹集、管理，做好现金预算，管好、用好资金。在模拟中，我们将其职能归并到财务总监(CFO)，其主要任务是管好现金流，按需求支付各项费用、核算成本，按时报送财务报表并做好财务分析；进行现金预算、采用经济有效的方式筹集资金，将资金成本控制到较低水平。为分担财务总监的工作，也可设财务助理(人数较多时设 2 人)。

3. 营销总监

企业的利润是由销售收入带来的，销售实现是企业生存和发展的关键，营销总监主要负责开拓市场、实现销售。一方面稳定企业现有市场，另一方面要积极开拓新市场，争取更大的市场空间；销售应结合市场预测及客户需求制订销售计划，有选择地进行广告投放，取得与企业生产能力相匹配的客户订单，与生产部门做好沟通，保证按时交货给客户，监督货款的回收，进行客户关系的管理。在企业运营过程中，做到知己知彼至关重要。

4. 生产总监

生产总监是企业生产部门的核心人物，对企业的一切生产活动进行管理，并对企业的一切生产活动及产品负最终的责任。主要任务包括负责公司生产、安全、仓储、现场管理等方面的工作，协调完成生产计划，维持生产低成本稳定运行，并处理好有关的外部工作管理；生产计划的制订落实及生产和资源的调度控制，保持生产正常运行，及时交货；组织新产品研发，扩充并改进生产设备，不断降低生产成本。

5. 采购总监

采购是企业生产的首要环节。采购总监要编制并实施采购供应计划，确保在合适的时间点，采购合适的品种及数量的物资，为企业生产做好后勤保障。

12.5.4　模拟企业财务状况

企业的财务状况,是指企业资产、负债、所有者权益的构成情况及相互关系。企业的财务状况由企业对外提供的财务报告——资产负债表和利润表来表述。

资产负债表是根据资产、负债和所有者权益之间的相互关系,即"资产=负债+所有者权益"的恒等关系,按照一定的分类标准和一定的次序,把企业特定日期的资产、负债、所有者权益三项会计要素所属项目予以适当排列,并对日常会计工作中形成的会计数据进行加工、整理后编制而成的,其主要目的是为了反映企业在某一特定日期的财务状况。通过资产负债表,可以了解企业所掌握的经济资源及其分布情况;了解企业的资本结构;分析、评价、预测企业的短期偿债能力和长期偿债能力;正确评估企业的经营业绩。

利润表是用来反映收入与费用相抵后确定的企业经营成果的会计报表。主要表现为企业在该期间所取得的利润,用来说明企业在一定期间内的经营成果。利润表的项目主要分为收入和费用两大类。

在"ERP 沙盘模拟"课程中,根据课程设计所涉及的业务对利润表和资产负债表中的项目进行了适当的简化,形成了如表 12-1 和表 12-2 所示的简易结构。

表 12-1　利润表

项　　目	算符	金额/百万元
销售收入	+	35
直接成本	−	12
毛利	=	23
综合费用	−	11
折旧前利润	=	12
折旧	−	4
支付利息前利润	=	8
财务收入/支出	+/−	4
其他收入/支出	+/−	0
税前利润	=	4
所得税	−	1
净利润	=	3

表 12-2　资产负债表　　　　　　　　　　　　　　　　　　　　　　　(百万元)

资　　产	期初数	期末数	负债和所有者权益	期初数	期末数
流动资产:			负债:		
现金		22	长期负债		40
应收款		15	短期负债		0
在制品		8	应付账款		0
成品		6	应交税金		1

续表

资　产	期初数	期末数	负债和所有者权益	期初数	期末数
原料		3	一年内到期的长期负债		0
流动资产合计		54	负债合计		41
固定资产：			所有者权益：		
土地和建筑		40	股东资本		40
机器与设备		13	利润留存		13
在建工程		0	年度净利		3
固定资产合计		53	所有者权益合计		66
资产总计		107	负债和所有者权益总计		107

12.5.5　模拟企业经营规则

1. 市场划分与市场准入

市场是企业进行产品营销的场所，标志着企业的销售潜力。目前企业仅拥有本地市场，除本地市场之外，还有区域市场、国内市场、亚洲市场、国际市场有待开发。

1) 市场开发

在进入某个市场之前，企业一般需要进行市场调研、选址办公、招聘人员、做好公共关系、策划市场活动等一系列工作。而这些工作均需要消耗资源——资金及时间。由于各个市场地理位置及地理区划不同，开发不同市场所需的时间和资金投入也不同，在市场开发完成之前，企业没有进入该市场销售的权利。

开发不同市场所需的时间和资金投入如表 12-3 所示。

表 12-3　开发不同市场所需的时间和资金投入

市　场	开发费用 / 百万元	开发时间 / 年	说　明
区域	1	1	• 各市场开发可同时进行
国内	2	2	• 资金短缺时可随时中断或终止投入
亚洲	3	3	• 开发费用按开发时间平均支付，不允许加速投资
国际	4	4	• 市场开拓完成后，领取相应的市场准入证

2) 市场准入

当某个市场开发完成后，该企业就取得了在该市场上经营的资格(取得相应的市场准入证)，此后就可以在该市场上进行广告宣传，争取客户订单了。

对于所有已进入的市场来说，如果因为资金或其他方面的原因，企业某年不准备在该市场进行广告投放，那么也必须投入 1 百万元的资金维持当地办事处的正常运转，否则就被视为放弃了该市场。再次进入该市场时需要重新开发。

2. 销售会议与订单争取

销售预测和客户订单是企业生产的依据。销售预测从商业周刊得到，对所有企业而言是公开而透明的。众所周知，客户订单的获得对企业的影响是至关重要的。

1)销售会议

每年年初，各企业会派出优秀的营销人员参加客户订货会，投入大量的资金和人力做营销策划、广告展览、公共关系、客户访问等，以使得本企业的产品能够深入人心，争取到尽可能多的订货信息。

2)市场地位

市场地位是针对每个市场而言的。企业的市场地位根据上一年度各企业的销售额排列，销售额最高的企业称为该市场的"市场领导者"，俗称"市场老大"。

3)广告投放

广告是分市场、分产品投放的，投入1百万元有一次选取订单的机会，以后每多投2百万元增加一次选单机会。如：投入7百万元表示准备拿4张订单，但是否能有4次拿单的机会则取决于市场需求、竞争态势等；投入2百万元准备拿一张订单，只是比投入1百万元的优先拿到订单。

在"竞单表"中按市场、按产品登记广告费用。

"竞单表"如表12-4所示，这是第三年A组广告投放情况。

表 12-4　竞单表

第三年A组(本地)						第三年A组(区域)						第三年A组(国内)					
产品	广告	单额	数量	9K	14K	产品	广告	单额	数量	9K	14K	产品	广告	单额	数量	9K	14K
P1	1					P1						P1					
P2						P2	2					P2	2				
P3						P3						P3					
P4						P4						P4					

注意：

竞单表中设有 9K(代表"ISO9000"，下同)和 14K(代表"ISO14000"，下同)两栏。两栏中的投入不是认证费用，而是取得认证之后的宣传费用，该投入对整个市场所有产品有效。

如果希望获得标有"ISO9000"或"ISO14000"的订单时，必须在相应的栏目中投入1百万元广告费。

4)客户订单

市场需求用客户订单卡片的形式表示，如图 12-54 所示。卡片上标注了市场、产品、产品数量、单价、订单价值总额、账期、特殊要求等要素。

如果没有特别说明，普通订单可以在当年内任一季度交货。如果由于产能不够或其他原因，导致本年不能交货，企业为此应受到以下处罚：

(1)因不守信用市场地位下降一级；

(2)下一年该订单必须最先交货；

(3)交货时扣除该张订单总额的 25%(取整)作为违约金。

卡片上标注有"加急!!!"字样的订单，必须在第一季度交货，延期罚款处置同上所述。因此，营销总监接单时要考虑企业的产能。当然，如果其他企业乐于合作，不排除委外加工的可能性。

注意：

如果上年市场老大没有按期交货，市场地位下降，则本年该市场没有老大。

```
第 6 年    亚洲市场    IP4－3/3
  产品数量：4P3
  产品单价：9M/个
  总 金 额：36M
  营收账期：4Q
  ISO 9000              加急!!!
```

图 12-54　客户订单

订单上的账期代表客户收货时货款的交付方式。若为 0 账期，则现金付款；若为 3 账期，代表客户付给企业的是 3 个季度到期的应收账款。

如果订单上标注了"ISO9000"或"ISO14000"，那么要求生产单位必须取得了相应认证并投放了认证的广告费，两个条件均具备，才能得到这张订单。

5）订单争取

在每年一度的销售会议上，将综合企业的市场地位、广告投入、市场需求及企业间的竞争态势等因素，按规定程序领取订单。客户订单是按照市场划分的，选单次序如下：

首先，由上一年该市场的市场领导者最先选择订单。

其次，按每个市场单一产品广告投入量，其他企业依次选择订单；如果单一产品广告投放相同，则比较该市场两者的广告总投入；如果该市场两者的广告总投入也相同，则根据上一年市场地位决定选单次序；若上一年两者的市场地位相同；则采用非公开招标方式，由双方提出具有竞争力的竞单条件，由客户选择。

注意：

无论你投入多少广告费，每次你只能选择 1 张订单，然后等待下一次选单机会。

3. 厂房购买、出售与租赁

企业目前拥有自主厂房——大厂房，价值 40 百万元。另有小厂房可供选择使用，有关各厂房购买、租赁、出售的相关信息如表 12-5 所示。

表 12-5　厂房购买、出售与租赁

厂房	买价/百万元	租金/(百万元/年)	售价/百万元	容　量
大厂房	40	5	40	6 条生产线
小厂房	30	3	30	4 条生产线

提示：

厂房可随时按购买价值出售，得到的是 4 个账期的应收账款。

厂房不提折旧。

4. 生产线购买、转产与维修、出售

企业目前有 3 条手工生产线和 1 条半自动生产线，另外可供选择的生产线还有全自动生产线和柔性生产线。不同类型生产线的主要区别在于生产效率和灵活性。生产效率是指单位时间生产产品的数量;灵活性是指转产生产新产品时设备调整的难易性。有关生产线购买、转产与维修、出售的相关信息如表 12-6 所示。

表 12-6　生产线购买、转产与维修、出售

生产线类型	购买价格/百万元	安装周期/期	生产周期/期	转产周期/期	转产费用/百万元	维修费/(百万元/年)	残值/百万元
手工生产线	5	无	3	无	无	1	1
半自动生产线	8	2	2	1	1	1	2
全自动生产线	15	3	1	2	4	1	3
柔性生产线	20	4	1	无	无		4

说明:

所有生产线可以生产所有产品。

投资新生产线时按照安装周期平均支付投资,全部投资到位后的下一周期可以领取产品标识,开始生产。资金短缺时,任何时候都可以中断投资。

生产线转产是指生产线转产生产其他产品,如半自动生产线原来生产 P1 产品,如果转产 P2 产品,需要改装生产线,因此需要停工一个周期,并支付 1 百万元改装费用。

当年投资的生产线价值计入在建工程,当年不提折旧,从下一年按余额递减法——设备价值的 1/3(取整)计提折旧。设备价值<3 百万元时,每次提折旧 1 百万元,直至提完。

当年已售出的生产线不用支付维修费。

出售生产线时,如果该生产线净值<残值,将生产线净值直接转到现金库中;如果该生产线净值>残值,从生产线净值中取出等同于残值的部分置于现金库,将差额部分置于综合费用的其他项。

5. 产品生产

产品研发完成后,可以接单生产。生产不同的产品需要的原料不同,各种产品所用到的原料及数量如图 12-55 所示。

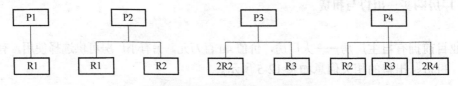

图 12-55　P 系列产品的 BOM 结构

每条生产线同时只能有一个产品在线。产品上线时需要支付加工费,不同生产线的生产效率不同,但需要支付的加工费是相同的,均为 1 百万元。

6. 原材料采购

原料采购涉及两个环节,签订采购合同和按合同收料。签订采购合同时要注意采购提前期。R1、R2 原料需要一个季度的采购提前期;R3、R4 原料需要两个季度的采购提前期。货物到达企业时,必须照单全收,并按规定支付原料费或计入应付账款。

7. 产品研发

不同技术含量的产品,需要投入的研发时间和研发投资是有区别的,如表 12-7 所示。

表 12-7　产品研发需要投入的时间及研发费用

产品	P2	P3	P4	备注说明
研发时间/期	4	6	6	・各产品可同步研发；按研发周期平均支付研发投资；资金不足时可随时中断或终止；全部投资完成的下一周期方可开始生产
研发投资/百万元	4	6	12	・某产品研发投入完成后，可领取产品生产资格证

8. ISO 认证

随着中国加入 WTO，客户的质量意识及环境意识越来越清晰。经过一定时间的市场孕育，最终会反映在客户订单中。企业要进行 ISO 认证，需要经过一段时间并花费一定费用，如表 12-8 所示。

表 12-8　国际认证需要投入的时间及认证费用

ISO 认证体系	ISO9000 质量认证	ISO14000 环境认证	备注说明
持续时间/年	2	3	・两项认证可以同时进行
认证费用/百万元	2	3	・资金短缺的情况下，投资随时可以中断 ・认证完成后可以领取相应 ISO 资格证

9. 融资贷款与贴现

资金是企业的血液，是企业任何活动的支撑。在 ERP 沙盘模拟课程中，企业尚未上市，因此其融资渠道只能是银行借款、高利贷和应收账款贴现。下面对比几种融资方式列于表 12-9 中。

表 12-9　企业可能的各项融资手段及财务费用

融资方式	规定贷款时间	最高限额	财务费用	还款约定
长期贷款	每年年末	上年所有者权益×2-已贷长期贷款	10%	年底付息，到期还本
短期贷款	每季度初	上年所有者权益×2-已贷短期贷款	5%	到期一次还本付息
高利贷	任何时间	与银行协商	20%	到期一次还本付息
应收贴现	任何时间	根据应收账款额度按1：6比例	1/7	贴现时付息

提示：

无论长期贷款、短期贷款还是高利贷均以 20 百万元为基本贷款单位。长期贷款最长期限为 5 年，短期借款及高利贷期限为一年，不足一年的按一年计息，贷款到期后返还。

应收账款贴现随时可以进行，金额必须是 7 的倍数，不考虑应收账款的账期，每 7 百万元的应收款交纳 1 百万元的贴现费用，其余 6 百万元作为现金放入现金库。

12.5.6　ERP 沙盘模拟经营实训

1. 年初 4 项工作

1) 新年度规划会议

新的一年开始之际，企业管理团队要制订(调整)企业战略，做出经营规划、设备投资规划、营销策划方案等。具体来讲，需要进行销售预算和可承诺量的计算。

常言道："预则立，不预则废"。预算是企业经营决策和长期投资决策目标的一种数量表现，即通过有关的数据将企业全部经济活动的各项目标具体、系统地反映出来。销售预算是编制预算的关键和起点，主要是对本年度要达成的销售目标的预测，销售预算的内容是销售数量、单价和销售收入等。

ATP 可承诺量的计算：参加订货会之前，需要计算企业的可接单量。企业可接单量主要取决于现有库存和生产能力，因此产能计算的准确性直接影响到销售交付。

2)参加订货会/登记销售订单

参加订货会：各企业派营销总监参加销售会议，按照市场地位、广告投放、竞争态势、市场需求等条件分配客户订单。

提示：

争取客户订单前，应以企业的产能、设备投资计划等为依据，避免接单不足，设备闲置或盲目接单，无法按时交货，引起企业信誉降低。

登记销售订单：客户订单相当于与企业签订的订货合同，需要进行登记管理。营销总监领取订单后，负责将订单登记在"订单登记表"中，记录每张订单的订单号、所属市场、所订产品、产品数量、订单销售额、应收账期；将广告费放置在沙盘上的"广告费"位置。财务总监记录支出的广告费。

3)制订新年度计划

在明确今年的销售任务后，需要以销售为龙头，结合企业对未来的预期，编制生产计划、采购计划、设备投资计划并进行相应的资金预算。将企业的供产销活动有机结合起来，使企业各部门的工作形成一个有机的整体。

4)支付应付税

依法纳税是每个企业及公民的义务。请财务总监按照上一年度利润表的"所得税"一项的数值取出相应的现金放置于沙盘上的"税金"处并做好现金收支记录。

2. 每季度 19 项工作

1)季初现金盘点(请填余额)

财务总监盘点目前现金库中的现金，并记录现金余额。

2)更新短期贷款/还本付息，申请短期贷款

更新短期贷款：如果企业有短期贷款，请财务总监将空桶向现金库方向移动一格。移至现金库时，表示短期贷款到期。

还本付息：短期贷款的还款规则是利随本清。短期贷款到期时，每桶需要支付 20 百万元×5%=1 百万元的利息，因此，本金与利息共计 21 百万元。财务总监从现金库中取现金，其中 20 百万元还给银行，1 百万元放置于沙盘上的"利息"处并做好现金收支记录。

申请短期贷款：短期贷款只有在这一时点上可以申请。可以申请的最高额度为：上一年所有者权益×2－(已有短期贷款＋一年内到期的长期负债)。

提示：

企业随时可以向银行申请高利贷，高利贷贷款额度视企业当时的具体情况而定。如果贷了高利贷，可以用倒置的空桶表示，并与短期借款同样管理。

3）更新应付款／归还应付款

请财务总监将应付款向现金库方向推进一格。到达现金库时，从现金库中取现金付清应付款并做好现金收支记录。

4）原材料入库／更新原料订单

供应商发出的订货已运抵企业时，企业必须无条件接受货物并支付料款。采购总监将原料订单区中的空桶向原料库方向推进一格，到达原料库时，向财务总监申请原料款，支付给供应商，换取相应的原料。如果现金支付，财务总监要做好现金收支记录。如果启用应付账款，在沙盘上做相应标记。

5）下原料订单

采购总监根据年初制订的采购计划，决定采购的原料的品种及数量，每个空桶代表一批原料，将相应数量的空桶放置于对应品种的原料订单处。

6）更新生产／完工入库

由运营总监将各生产线上的在制品上推进一格。产品下线表示产品完工，将产品放置于相应的产成品库。

7）投资新生产线／变卖生产线／生产线转产

投资新生产线：投资新设备时，运营总监向指导老师领取新生产线标识，翻转放置于某厂房相应位置，其上放置与该生产线安装周期相同的空桶数，每个季度向财务总监申请建设资金，额度＝设备总购买价值／安装周期，财务总监做好现金收支记录。在全部投资完成后的下一季度，将生产线标识翻转过来，领取产品标识，可以开始投入使用。

变卖生产线：当生产线上的在制品完工后，可以变卖生产线。如果此时该生产线净值＜残值，将生产线净值直接转到现金库中；如果该生产线净值＞残值，从生产线净值中取出等同于残值的部分置于现金库，将差额部分置于综合费用的其他项。财务总监做好现金收支记录。

生产线转产：生产线转产是指某生产线转产生产其他产品。不同生产线类型转产所需的调整时间及资金投入是不同的，请参阅表 12-6 所示的"生产线购买、调整与维修、出售"规则。如果需要转产且该生产线需要一定的转产周期及转产费用，请运营总监翻转生产线标识，按季度向财务总监申请并支付转产费用，停工满足转产周期要求并支付全部的转产费用后，再次翻转生产线标识，领取新的产品标识，开始新的生产。财务总监做好现金收支记录。

提示：
生产线一旦建设完成，不得在各厂房间随意移动。

8）向其他企业购买原材料／出售原材料

新产品上线时，原料库中必须备有足够的原料，否则需要停工待料。这时采购总监可以考虑向其他企业购买。如果按原料的原值购入，购买方视同"原材料入库"处理，出售方采购总监从原料库中取出原料，向购买方收取同值现金，放入现金库并做好现金收支记录。如果高于原料价值购入，购买方将差额(支出现金－原料价值)记入利润表中的其他支出；出售方将差额记入利润表中的其他收入，财务总监做好现金收支记录。

9）开始下一批生产

当更新生产／完工入库后，某些生产线的在制品已经完工，可以考虑开始生产新产品。由运营总监按照产品结构从原料库中取出原料，并向财务总监申请产品加工费，将上线产品摆放到离原料库最近的生产周期。

10) 更新应收款 / 应收款收现

财务总监将应收款向现金库方向推进一格，到达现金库时即成为现金，做好现金收支记录。

提示：

在资金出现缺口且不具备银行贷款的情况下，可以考虑应收款贴现。应收款贴现随时可以进行，财务总监按 7 的倍数取应收账款，其中 1/7 作为贴现费用置于沙盘上的"贴息"处，6/7 放入现金库，并做好现金收支记录。应收账款贴现时不考虑账期因素。

11) 出售厂房

资金不足时可以出售厂房，厂房按购买价值出售，但得到的是 4 账期应收账款。

12) 向其他企业购买成品 / 出售成品

如果产能计算有误，有可能本年度不能交付客户订单，这样不仅信誉尽失，且要接受订单总额的 25%的罚款。这时营销总监可以考虑向其他企业购买产品。如果以成本价购买，买卖双方正常处理；如果高于成本价购买，购买方将差价(支付现金—产品成本)记入直接成本，出售方将差价记入销售收入，财务总监做好现金收支记录。

13) 按订单交货

营销总监检查各成品库中的成品数量是否满足客户订单要求，满足则按照客户订单交付约定数量的产品给客户，并在订单登记表中登记该批产品的成本。客户按订单收货，并按订单上列明的条件支付货款，若为现金(0 账期)付款，营销总监直接将现金置于现金库，财务总监做好现金收支记录；若为应收账款，营销总监将现金置于应收账款相应账期处。

提示：

必须按订单整单交货。

14) 产品研发投资

按照年初制订的产品研发计划，运营总监向财务总监申请研发资金，置于相应产品生产资格位置。财务总监做好现金收支记录。

提示：

产品研发投资完成，领取相应产品的生产资格证。

15) 支付行政管理费

管理费用是企业为了维持运营发放的管理人员工资、必要的差旅费、招待费等。财务总监取出 1 百万元摆放在"管理费"处，并做好现金收支记录。

16) 其他现金收支情况登记

除以上引起现金流动的项目外，还有一些没有对应项目的，如应收账款贴现、高利贷支付的费用等，可以直接记录在该项中。

17) 现金收入合计

统计本季度现金收入总额。

18) 现金支出合计

统计本季度现金支出总额。第四季度的统计数字中包括四季度本身的和年底发生的。

19）期末现金对账

1～3 季度及年末，财务总监盘点现金余额并做好登记。

注意：以上 19 项工作每个季度都要执行。

3．年末 6 项工作

1）支付利息／更新长期贷款／申请长期贷款

支付利息：长期贷款的还款规则是每年付息，到期还本。如果当年未到期，每桶需要支付 20 百万元×10%=2 百万元的利息，财务总监从现金库中取出长期借款利息置于沙盘上的"利息"处，并做好现金收支记录。长期贷款到期时，财务总监从现金库中取出现金归还本金及当年的利息，并做好现金收支记录。

更新长期贷款：如果企业有长期贷款，请财务总监将空桶向现金库方向移动一格；当移至现金库时，表示长期贷款到期。

申请长期贷款：长期贷款只有在年末可以申请。可以申请的额度为：上一年所有者权益×2－已有长期贷款+一年内到期的长期贷款。

2）支付设备维修费

在用的每条生产线支付 1 百万元的维护费。财务总监取相应现金置于沙盘上的"维修费"处，并做好现金收支记录。

3）支付租金／购买厂房

大厂房为自主厂房，如果本年在小厂房中安装了生产线，此时要决定该厂房是购买还是租用，如果购买，财务总监取出与厂房价值相等的现金置于沙盘上的厂房价值处；如果租赁，财务总监取出与厂房租金相等的现金置于沙盘上的"租金"处，无论购买还是租赁，财务总监应做好现金收支记录。

4）计提折旧

厂房不提折旧，设备按余额递减法计提折旧，在建工程及当年新建设备不提折旧。折旧＝原有设备价值／3，向下取整。财务总监从设备价值中取折旧费放置于沙盘上的"折旧"处。当设备价值下降至 3 百万元时，每年折旧 1 百万元。

提示：

计提折旧时只可能涉及生产线净值和其他费用两个项目，与现金流无关，因此在任务清单中标注了()以示区别，计算现金收／支合计时不应考虑该项目。

5）新市场开拓／ISO 资格认证投资

新市场开拓：财务总监取出现金放置在要开拓的市场区域，并做好现金支出记录。市场开发完成，从指导教师处领取相应市场准入证。

ISO 认证投资：财务总监取出现金放置在要认证的区域，并做好现金支出记录。认证完成，从指导老师处领取 ISO 资格证。

6）结账

一年的经营下来，年终要做一次"盘点"，编制利润表和资产负债表。

在报表做好之后，指导教师将会取走沙盘上企业已支出的各项成本，为来年做好准备。

参 考 文 献

费从容，尹显明．2006．机械制造工程训练教程．成都：西南交通大削出版社．

傅水根．2005．现代工程技术训练．北京：高等教育出版社．

高市，王晓霜，宣胜瑾．2008．ERP 沙盘实战教程．长春：东北财经大学出版社．

红杰，等．2012．企业经营 ERP 沙盘应用教程．北京：北京大学出版社．

黄明宇，徐钟林．2005．金工实习（下册）．北京：机械工业出版社．

教育部高等学校机械基础课程教学指导分委员会金工课指组．2009．关于机械制造实习教学基本要求（非机
　　械类）．

鞠鲁粤．2007．机械制造基础．上海：上海交通大学出版社．

李双寿．2007．机械制造实习系列实验．北京：清华大学出版社．

李宗柄．2003．铁艺油漆工艺指导大全．哈尔滨：黑龙江科技技术出版社．

梁松坚，邹日荣．2013．机械工程实训．北京：中国轻工业出版社．

刘新，崔明铎．2011．工程训练通识教育．北京：清华大学出版社．

刘雅静．2002．CAXA 数控机床操作及仿真实训教程．北京：北京航空航天大学出版社．

刘勇．2014．ERP 沙盘模拟实训教程．2 版．北京：经济与管理出版社．

刘镇昌．2005．制造工艺实训教程．北京：机械工业出版社．

柳秉毅．2005．金工实习（上册）．北京：机械工业出版社．

清华大学金属工艺学教研室．2007．金属工艺学实习教材．北京：高等教育出版社．

邱建忠，等．2002．CAXA 线切割 V2 实例教程．北京：北京航空航天大学出版社．

王凤蕴，等．2003．数控原理与典型数控系统．北京：高等教育出版社．

王新玲，杨宝刚，柯明．2006．ERP 沙盘模拟高级指导教程．北京：清华大学出版社．

王中林，王绍理．2011．激光加工设备与工艺．武汉：华中科技大学出版社．

谢小星，等．2002．CAXA 数控加工造型、编程、通信．北京：北京航空航天大学出版社．

杨刚．2015．工程训练与创新．北京：科学出版社．

尹显明．2009．机械制造工程训练教程（非机械类）．武汉：武汉理工大学出版社．

张发庭，等．2014．工程训练．北京：国防工业出版社．

张华，等．2009．电子实训教程．武汉：武汉理工大学出版社．

张木青，等．2004．机械制造工程训练．广州：华南理工大学出版社．

郑志军，胡青春．2015．机械制造工程训练教程．广州：华南理工大学出版社．

周玉清，刘伯莹，周强．2006．ERP 理论方法与实践．北京：电子工业出版社．

朱华炳，田杰．2014．制造技术工程训练．北京：机械工业出版社．

http://baike.so.com/doc/1132531-1198052.html. 钳工 360 百科．

http://baike.so.com/doc/1362816-1440683.html. 铁艺 360 百科．

http://baike.so.com/doc/1432432-1514124.html. 自行车 360 百科．

http://baike.so.com/doc/6303704-6517229.html. 陶艺 360 百科．